SCIENCE FICTION

Herausgegeben
von Wolfgang Jeschke

Von Harry Harrison erschienen in der Reihe
HEYNE SCIENCE FICTION & FANTASY:

Retter einer Welt (06/3058)
Der Daleth-Effekt (06/3352)
Das Prometheus-Projekt (06/3730)

DER DEATHWORLD-ZYKLUS:

Die Todeswelt (06/3067)
Die Sklavenwelt (06/3069)
Die Barbarenwelt (06/3136)

DER STEELRAT-ZYKLUS:

Agenten im Kosmos (06/3083), Sonderausg. (06/3928)
Rachezug im Kosmos (06/3974)
Die Stahlratte (06/3417)
Jim Di Griz, die Edelstahlratte (06/3678)
(weitere Bände in Vorbereitung)

DER TO THE STARS-ZYKLUS:

Heimwelt (06/3910)
Radwelt (06/3911)
Sternwelt (06/3912)

In der BIBLIOTHEK DER SCIENCE FICTION LITERATUR:

Macht Platz! Macht Platz! (06/21)

HARRY HARRISON

Radwelt

2. Band der Trilogie »Zu den Sternen«

Science Fiction-Roman

Deutsche Erstveröffentlichung

WILHELM HEYNE VERLAG
MÜNCHEN

HEYNE-BUCH Nr. 06/3911
im Wilhelm Heyne Verlag GmbH & Co. KG, München

Titel der amerikanischen Originalausgabe
WHEELWORLD
Deutsche Übersetzung von Thomas Schlück
Das Umschlagbild schuf Eddie Jones
Die Illustrationen im Text zeichnete Giuseppe Festino

2. Auflage
Redaktion: Wolfgang Jeschke

Printed in Germany 1983
Umschlaggestaltung: Atelier Heinrichs & Schütz, München
Satz: Schaber, Wels/Österreich
Druck und Bindung: Elsnerdruck GmbH, Berlin

ISBN 3-453-30837-9

1

Die Sonne war vor vier Jahren untergegangen und hatte sich seither nicht blicken lassen.

Bald aber sollte der Augenblick kommen, da sie sich wieder über den Horizont schob. In wenigen kurzen Monaten würde sie die Oberfläche des Planeten wieder mit ihren blauweißen Strahlen verbrennen. Bis dahin jedoch würde das endlose Dämmerlicht vorherrschen, in dem die großen Ährenmuscheln des mutierten Getreides zur Fülle wuchsen. Eine einzige Ernte, ein gelbgrünes Meer, das sich bis zum Horizont erstreckte – in allen Richtungen bis auf eine. Hier endete das Feld, begrenzt durch einen hohen Metallzaun, und hinter dem Zaun begann die Wüste. Ein Ödland aus Sand und Kies, eine schattenlose, weite Ebene, die unter dem Dämmerungshimmel in unbestimmter Ferne verschwand. Hier fiel kein Regen, hier wuchs nichts – in scharfem Gegensatz zum fruchtbaren Ackerland hinter dem Zaun. Dennoch gab es Leben auf der öden Ebene, dort lebte ein Wesen, das seine Bedürfnisse aus dem sterilen Sand befriedigte.

Der abgeflachte Berg aus faltigem grauen Fleisch mußte mindestens sechs Tonnen wiegen. An der Oberfläche schien es keine Öffnungen oder Organe zu geben, wenngleich eine nähere Untersuchung ergeben hätte, daß jeder Knoten in der dicken Haut ein Silikonfenster enthielt, das darauf eingerichtet war, Himmelsstrahlungen aufzunehmen. Unter den durchsichtigen Stellen lagen Pflanzenzellen, die zu den komplizierten symbiotischen Beziehungen des Klumpers gehörten und die Energie in Zucker umwandelten. Langsam und schwerfällig drang der Zucker durch Osmose in die unteren Regionen des Geschöpfs vor, wo er zu Alkohol umgeformt und in Vakuolen gelagert wurde. In diesen unteren Regionen fanden gleichzeitig mehrere andere chemische Prozesse statt.

Der Klumper lag im Augenblick über einer besonders ergiebigen Schicht von Kupfersalzen. Spezialisierte Zellen hatten Säure abgesondert, die die Salze auflöste. Diese waren absorbiert worden. Dieser Vorgang hatte sich über nicht meßbare Zeiträume hingezogen, denn das Wesen hatte kein Gehirn im eigentlichen Sinne und auch keine Organe, die zur Zeitmessung herangezogen werden konnten. Es existierte. Es lag hier und fraß, es erntete die Mineralien, so wie eine Kuh sich an Gras gütlich tat. Bis wie auf einer Weide der verfügbare Nahrungsmittelvorrat erschöpft war. Es war Zeit weiterzuziehen. Wurde Nahrung knapp, gaben Chemorezeptoren diese Nachricht weiter, und die vielen tausend Beinmuskeln in der gerillten Unterseite des Klumpers begannen sich einzuziehen. Befeuert durch den sorgfältig gelagerten Alkohol, wurden die Muskeln zu einem einzelnen orgiastischen Zusammenzucken gebracht, das die sechs Tonnen schwere teppichähnliche Masse dreißig Meter weit durch die Luft schleuderte.

Das Gebilde flog über den Zaun, der das Ackerland umschloß, und landete mit dröhnend-bebendem Aufprall im zwei Meter hohen Gamma-Getreide, drückte es platt und verschwand hinter dem Schirm grüner Blätter und armlanger, goldener Ährenmuscheln. An seiner höchsten Stelle war der Klumper nur etwa einen Meter dick, so daß es von jenem anderen Geschöpf, das darauf zubrummte, nicht gesehen werden konnte.

Keines der beiden Geschöpfe hatte ein Gehirn. Das sechs Tonnen schwere organische Wesen stand ausschließlich unter Kontrolle der Reflexbögen, mit denen es vor mehreren Jahrhunderten geboren worden war. Die metallische Kreatur wog siebenundzwanzig Tonnen und wurde von einem programmierten Computer gesteuert, der bei seinem Bau installiert worden war. Beide besaßen Sinne – aber keine Intelligenz. Beide hatten von der Existenz des anderen keine Ahnung – bis sie zusammentrafen.

Dieser Zusammenstoß war dramatisch. Die riesige Gestalt des Mähers näherte sich, eifrig klappernd und surrend. Die Maschine schnitt eine dreißig Meter breite Bahn durch die gleichförmig verlaufenden Getreidereihen, die sich bis zum Horizont erstreckten. In einem einzigen Arbeitsgang schnitt die Maschine das Korn, trennte die Ähren von den Stengeln, zerschnitt die Stengel in kleine Stücke und verbrannte die Überreste in einem brausenden Ofen. Der Wasserdampf dieser augenblicklichen Verbrennung

stieg in weißen Wolken aus einem hohen Schornstein, die Asche wogte als schwarze Wolke zwischen den klirrenden Laufwerken hervor und senkte sich auf den Boden. Was ihre spezifische Aufgabe anging, war die Maschine sehr tüchtig. Doch sie war nicht darauf eingerichtet, Klumper aufzuspüren, die sich im Kornfeld versteckten. Die Maschine prallte gegen den Klumper und trennte gut zweihundert Kilo Fleisch ab, ehe der Alarm den Antrieb stoppen ließ.

So primitiv sein Nervensystem auch sein mochte – eine so drastische Einwirkung auf seinen Lebensbereich bekam der Klumper mit. Chemische Impulse wurden gegeben, die die Springfüße aktivierten, und innerhalb von Minuten, was für einen Klumper unglaublich schnell ist, zogen sich die Muskeln zusammen, und das Wesen sprang ein zweitesmal. Es wurde kein besonders guter Sprung, da der Alkohol weitgehend aufgebraucht war. Er genügte aber, um den Klumper einige Meter in die Luft zu heben und oben auf dem Mähdrescher landen zu lassen. Metall verbog sich und brach, und neue Alarmsignale gingen hinaus neben denen, die von der Anwesenheit der Kreatur ausgelöst worden waren.

Wo immer die Goldplattierung der Erntemaschine aufgerissen oder weggekratzt worden war, fand der Klumper leckeren Stahl. Er drapierte sich noch ein wenig fester um die riesige Maschine und begann sie gelassen zu verzehren.

»Seid doch nicht blöd!« brüllte Lee Ciou und versuchte sich im Stimmengewirr bemerkbar zu machen. »Stellt euch doch die stellaren Entfernungen vor, ehe ihr von Funksignalen anfangt! Klar, ich könnte einen großen Sender bauen, das wäre kein Problem. Ich könnte ein Signal ausstrahlen, das man sogar auf der Erde empfangen würde – eines Tages. Es wäre aber siebenundzwanzig Jahre unterwegs, ehe es den nächsten bewohnten Planeten erreichte. Und dort würde man uns vielleicht nicht einmal zuhören ...«

»Ruhe! Ruhe! Ruhe!« rief Iwan Semenow und schlug im Takt seiner Worte mit dem Hammer auf den Tisch. »Wir müssen die Sache geordnet ablaufen lassen. Jeder soll sprechen, aber nur, wenn er dazu aufgefordert worden ist. Mit solchem Durcheinander kommen wir nicht weit.«

»Wir kommen sowieso nicht weiter!« rief jemand. »Die ganze Sache ist Zeitverschwendung.«

Diese Äußerung löste laute Pfiffe und Buh-Rufe aus und neues Gehämmer am Tisch. Das Telefonlicht neben Semenow blinkte in schneller Folge, und er griff nach dem Hörer, während sein Hammer noch in Bewegung war. Er lauschte, äußerte ein kurzes Wort der Bejahung und legte auf. Er setzte seinen Hammer nicht weiter ein, sondern rief statt dessen mit lauter Stimme: *»Notfall!«*

Sofort trat Stille ein, und er nickte. »Jan Kulozik – sind Sie hier?«

Jan saß im hinteren Teil der Kuppel und hatte an der Diskussion nicht teilgenommen. Er war in Gedanken versunken und hatte von den brüllenden Männern und der plötzlichen Stille kaum Notiz genommen. Jetzt fuhr er empor, als er seinen Namen hörte. Hastig stand er auf. Er war groß und drahtig und hätte vielleicht als dünn gegolten, wenn er nicht harte Muskeln besessen hätte, die das Ergebnis jahrelanger anstrengender körperlicher Arbeit waren. Sein Overall war fettverschmiert, und auch seine Haut wies Arbeitsspuren auf; trotzdem war er offensichtlich mehr als nur Mechaniker. Die Art, wie er sich gab, wachsam, doch zurückhaltend, und der Blick, den er dem Vorsitzenden zuwarf, sprachen eine ebenso deutliche Sprache wie das goldene Zahnradsymbol an seinem Kragen.

»Auf Taekeng 4 gibt's Ärger im Feld«, sagte Semenow. »Anscheinend ist ein Klumper mit einer Erntemaschine aneinandergeraten und hat sie ausgeschaltet. Man will Sie schleunigst dort sehen.«

»Warten Sie auf mich, warten Sie!« rief ein kleiner Mann und drängte sich durch die Menge. Es war Chun Taekeng, der Vorstand der Taekeng-Familie. Er war so jähzornig wie alt und faltig und kahlköpfig. Einem Mann, der nicht schnell genug den Weg freimachte, versetzte er einen Hieb in den Magen und trat anderen gegen die Schienbeine, damit sie ihm Platz machten. Da Jan seine Schritte nicht verlangsamte, mußte Chun keuchend hinter ihm herlaufen, um ihn einzuholen.

Der Wartungs-Kopter stand vor der Werkstatt, und Jan hatte bereits die Turbinen laufen und die Rotoren in Bewegung, als Chun Taekeng umständlich in die Kabine stieg.

»Man müßte die Klumper ausrotten, mit Stumpf und Stil«, sagte er keuchend und ließ sich neben Jan in den Sitz fallen. Jan antwortete nicht. Selbst wenn es nötig gewesen wäre, was nicht der Fall war, hätte ein Auslöschen der hiesigen Spezies zu viele Schwierigkeiten gemacht. Er ignorierte Chun, der zornig vor sich hin brummte, und gab Gas, sobald sie die nötige Höhe hatten. Er mußte schleunigst ans Ziel. Wenn man sie nicht richtig behandelte, konnten Klumper gefährlich werden. Die meisten Bauern wußten wenig über sie – und scherten sich nicht im geringsten darum.

Die Landschaft zog wie eine gewellte gelb-grün gefleckte Decke unter der Maschine dahin. Die Ernte ging in die letzte Phase, so daß sich die Kornfelder nicht länger glatt in alle Richtungen erstreckten, sondern von den Erntemaschinen mit riesigen Bissen angeknabbert worden waren. Hohe Rauchwolken kennzeichneten die Stellen, an denen die Maschinen arbeiteten. Nur der Himmel veränderte sich nicht, eine bodenlose Schale ewigen Graus, die sich von einem Horizont zum anderen erstreckte. Vier Jahre war es her, seit er die Sonne gesehen hatte, überlegte Jan, vier endlose, wenig wechselhafte Jahre. Die Menschen hier schienen es nicht zu merken, doch zuweilen war das unveränderliche Zwielicht mehr, als er ertragen konnte, und dann griff er nach der kleinen grünen Tablettenflasche.

»Dort, dort unten!« rief Chun Taekeng mit schriller Stimme und streckte einen klauenhaften Finger aus. »Landen Sie dort, genau dort!«

Jan beachtete ihn nicht. Unter der Maschine lag die goldschimmernde Masse des Mähdreschers, zur Hälfte vom draufliegenden Körper des Klumpers bedeckt. Ein großer Brocken, mindestens sechs oder sieben Tonnen. Normalerweise schlugen sich nur die kleineren Exemplare auf die Anbauflächen durch. Lastwagen und Kettenfahrzeuge waren ringsum geparkt; eine Staubwolke zeigte an, daß ein weiteres Fahrzeug unterwegs war. Jan beschrieb vorsichtig einen Bogen, wobei er Chuns Befehl, sofort zu landen, bewußt mißachtete. Er nahm sich Zeit, über Funk den großen Kran zu bestellen. Als er die Maschine dann doch aufsetzte, gut hundert Meter von dem Mähdrescher entfernt, hatte der kleinwüchsige Mann praktisch Schaum vor dem Mund. Doch Jan gab sich völlig unbeteiligt; den Nachteil würden die Mitglieder der Taekeng-Familie haben.

Eine kleine Gruppe hatte sich um die beschädigte Erntemaschine versammelt; man wies hierhin und dorthin und unterhielt sich aufgeregt. Einige Frauen hatten gekühltes Bier in Eimern mitgebracht und gaben Gläser aus. Es herrschte eine Art Jahrmarktatmosphäre, eine willkommene Unterbrechung der Monotonie und Last des täglichen Lebens. Ein Kreis von Leuten bewunderte, wie ein junger Mann die Flamme eines Schweißapparats vorsichtig an den braunen Fleischlappen hielt, der seitlich an der Maschine herabhing. Der Klumper kräuselte die Haut, als die Flamme ihn berührte, schwarz-fettige Rauchwolken stiegen auf und rochen unangenehm.

»Dreht das Schweißgerät aus und verschwindet von hier!« sagte Jan.

Der Mann blickte mit offenem Mund zu Jan empor, machte aber keine Anstalten, den Schweißbrenner zuzudrehen. Zwischen seinem Haaransatz und den Augenbrauen gab es kaum freie Fläche; er wirkte geistig etwas zurückgeblieben. Die Taekeng-Familie war sehr klein und hatte oft in den eigenen Kreisen geheiratet.

»Chun!« rief Jan dem Familienvorstand zu, der schweratmend herbeieilte. »Schaffen Sie das Schweißgerät fort, ehe es Ärger gibt.«

Chun kreischte wütend und unterstrich seine Worte mit einem energischen Tritt. Der junge Mann hastete mit dem Schweißbrenner davon. Jan trug ein paar dicke Handschuhe im Gürtel und zog sie jetzt über. »Ich brauche Hilfe«, sagte er. »Holt Schaufeln und helft mir, die Kante hochzuheben. Nicht unten berühren. Das Ding sondert Säure ab, die euch im Nu Löcher in die Haut frißt.«

Mühsam wurde der Rand des Klumpers hochgehoben, und Jan beugte sich vor und schaute darunter. Das Fleisch war weiß und hart und feucht von Säure. Er fand eines der zahlreichen Sprungbeine, das etwa die Größe und Form eines Menschenbeins hatte. Es war in eine Vertiefung im Fleisch eingefaltet und leistete Widerstand, als er daran zerrte. Doch einem ständigen Zug konnte es nicht widerstehen, so daß er es weit genug herausbiegen konnte um zu sehen, in welcher Richtung das knubbelige Knie zeigte. Als er das Bein losließ, zog es sich langsam in die Ausgangsstellung zurück.

»In Ordnung. Laßt los!« Jan trat einige Schritte zurück und kratzte ein Zeichen in den Boden, dann drehte er sich um und blickte daran entlang. »Bringt die Lkws fort!« befahl er. »Fahrt sie nach links und rechts, mindestens so weit weig wie den Kopter. Wenn das Ding noch einmal springt, landet es glatt darauf. Nach der Kokelei bringt es so etwas glatt fertig!«

Die Leute schienen nicht recht zu begreifen, was er wollte, doch Chun schaffte mit einigen hinausgebrüllten Worten Klarheit. Seine Familie handelte schnell. Jan fuhr sich mit den Handschuhen über die Bartstoppeln und erkletterte den Mähdrescher. Ein lautes Rattern kündigte die Ankunft des großen Kran-Kopters an. Die riesige Maschine, das größte Fluggerät auf dem Planeten, grollte herbei und schwebte über der Szene. Jan zog das Funkgerät aus dem Gürtel und gab Befehle. An der Unterseite erschien eine quadratische Öffnung, und am Ende einer starken Trosse wurde ein Hebebalken herabgelassen. Der Abwind der Rotoren zerrte an Jan, während er vorsichtig den Balken in Position brachte und dann die großen Haken einen nach dem anderen unter den Körperrand des Klumpers schob. Wenn das Wesen den scharfen Stahl in seinem Fleisch spürte, ließ es sich nichts anmerken. Als die Haken zu Jans Zufriedenheit angebracht waren, ließ er die Hand über seinem Kopf keisen. Der große Kran begann langsam anzuheben.

Jans Anweisungen folgend, spannte der Pilot die Trosse und holte sie langsam ein. Die Haken bohrten sich tief ein, und der Klumper begann zu beben. Jetzt kam der kritische Moment. Wenn das Wesen sprang, konnte es den Kopter vernichten. Aber die Kante kam immer höher, bis sich die feucht-weiße Unterseite zwei Meter hoch in der Luft befand. Jan machte eine schneidende Bewegung mit der Hand, und der große Kran-Kopter entfernte sich langsam, die Kante des Wesens waagerecht zum Boden hinter sich her ziehend. Es war, als nehme man eine Decke an der Kante und drehe sie um. Mühelos fließend rollte der Klumper, bis er rücklings auf dem Feld lag, seine Unterseite eine große Fläche schimmernden weißen Fleisches.

Dieses Bild veränderte sich sofort, denn plötzlich schossen die vielen tausend Beine abrupt in die Luft, ein emporschießender Wald bleicher Gliedmaßen. Sekundenlang standen sie aufrecht, dann kehrten sie langsam in die Ruheposition zurück.

»Das Ding ist jetzt harmlos«, sagte Jan. »Es kann sich nicht umdrehen.«

»Jetzt bringen sie es um!« rief Chun Taekeng begeistert.

Jan versuchte seine Stimme nicht angewidert klingen zu lassen. »Nein, darum geht es uns nicht. Ich kann mir nicht vorstellen, daß Sie sieben Tonnen verfaulenden Fleisches in einem Ihrer Felder liegen haben wollen. Wir lassen das Wesen zunächst in Ruhe. Der Mähdrescher ist wichtiger.« Er gab dem großen Kran-Kopter Anweisung zu landen, dann löste er den Klumper von der Hebestange.

Im Kopter befand sich ein Sack Pottasche, die bei solchen Vorfällen wertvolle Hilfe leistete. Es gab ja immer wieder Ärger mit den Klumpern. Jan stieg wieder auf die gestrandete Erntemaschine und schleuderte die Asche über die Säurestellen, die sich abzeichneten. Die Flüssigkeit schien sich noch nicht tief eingefressen zu haben, doch mochte es drinnen Ärger geben, wenn die Säure in die Maschine getropft war. Er mußte sofort die Verkleidungen abnehmen. Einige Abdeckungen waren verformt und mehrere Leiträder verbogen, so daß sich eine Raupenkette gelöst hatte. Viel Arbeit.

Auf einer Fahrkette und geschleppt von vier Lkws, gelang es ihm, den Mähdrescher gut zweihundert Meter rückwärts vom Klumper fortzubringen. Unter den kritischen Augen und den noch kritischeren Bemerkungen Chun Taekengs ließ er den Klumper vom großen Kran-Kopter wieder umdrehen.

»Laßt das häßliche Ding liegen! Tötet es, begrabt es! Jetzt liegt es wieder richtig und wird erneut springen und uns alle umbringen.«

»Nein«, widersprach Jan. »Es kann sich nur in eine Richtung bewegen; Sie haben ja die Beinstellung gesehen. Wenn der Klumper springt, dann wieder in Richtung Ödland.«

»Das können Sie nicht genau wissen ...«

»Aber ziemlich genau. Ich kann das Ding nicht wie eine Waffe auf ein Ziel ausrichten, wenn Sie das meinen. Aber wenn der Klumper springt, dann weg von hier.«

Wie auf ein Stichwort hin vollführte der Klumper den Sprung.

Das Wesen besaß keine logische Vernunft und kannte keine Gefühle, doch es besaß komplizierte chemische Auslöser. Sie alle mußten von der rauhen Behandlung aktiviert worden sein, von der scheinbaren Umkehr der Schwerkraft, der Begegnung mit der Flamme und der schmerzhaften Kollision mit dem Mähdrescher. Der Boden erdröhnte dumpf, als die Beine gleichzeitig zutraten. Einige Frauen schrien auf, und selbst Chun Taekeng schnappte hörbar nach Luft und wich einige Schritte zurück.

Der riesige Körper wurde hoch durch die Luft geschleudert. Er verließ das Feld, durchquerte die Sensorenstrahlen und prallte heftig in den Sand außerhalb. Auf allen Seiten rollte eine dichte Staubwolke hervor.

Jan nahm den Werkzeugkasten aus dem Kopter und machte sich an die Reparatur der Erntemaschine, froh, sich in seinen Gedanken verlieren zu können. Immer wenn er dies tat, wenn er allein gelassen wurde, kehrten seine Gedanken sofort zu den Schiffen zurück. Er war es leid, über sie nachzudenken und zu sprechen, doch er konnte sie nicht vergessen. Niemand konnte sie vergessen.

2

»Ich möchte nicht über die Schiffe sprechen«, sagte Alzbeta Mahrowa. »Zur Zeit scheinen sie das einzige Gesprächsthema zu sein.«

Sie saß dicht neben Jan auf der Bank und hatte ihren Oberschenkel gegen seinen gepreßt. Er spürte die Wärme ihres Körpers durch den dünnen Kleiderstoff und das Tuch seines Overalls. Er rang heftig die Hände, bis die Sehnen an seinen Handgelenken wie Seile hervorstanden. So dicht konnte er an sie herankommen, so dicht und niemals weiter, hier auf diesem Planeten. Er musterte sie aus den Augenwinkeln; die glatte, gebräunte Haut ihrer Arme, das schulterlange schwarze Haar, die großen und ebenfalls dunklen Augen, ihre festen Brüste ...

»Die Schiffe sind wichtig«, sagte er und riß mühsam den Blick von ihr los, um ohne Interesse auf das dickwandige Lagerhaus zu blicken, das auf der anderen Seite der mit Lava geschotterten

Straße aufragte. »Heute sind sie schon sechs Wochen überfällig, und unsere Abfahrt hätte vor vier Wochen sein müssen. Jetzt muß eine Entscheidung fallen. Hast du die Hradil noch einmal wegen unserer Heirat gefragt?«

»Ja«, antwortete Alzbeta, drehte sich zu ihm um und ergriff seine Hand, obwohl jeder Passant es sehen konnte. Ihr Blick war bekümmert. »Sie wollte mich nicht zu Ende anhören. Ich muß einen Mann aus der Semenow-Familie heiraten oder überhaupt nicht. Das sagt das Gesetz.«

»Gesetz!« Er sagte das Wort zähneknirschend wie einen Fluch. Gleichzeitig entzog er ihr die Hände und rückte auf der Bank von ihr ab. Ihre Berührung quälte ihn auf eine Weise, von der sie keine Ahnung hatte. »Es ist kein Gesetz, sondern eine Sitte, ein dummer Brauch und ein bäuerlicher Aberglaube. Auf dieser Bauernwelt, die um einen blauweißen Zwergstern kreist, der von der Erde nicht einmal zu sehen ist. Auf der Erde könnten wir heiraten und eine Familie gründen.«

»Aber du bist nicht auf der Erde.« Sie sprach so leise, daß er ihre Worte kaum verstand.

Der Zorn wich und ließ ihn erschöpft zurück. Ja, er war nicht auf der Erde und würde niemals dorthin zurückkehren. Er mußte hier seinen Lebensweg machen – und einen Weg finden um die Regeln, die hier galten. Durchbrechen konnte er sie nicht.

Sein Chronometer zeigte zwanzig Uhr an, obgleich das endlose Dämmerlicht keine Änderung erkennen ließ. Obwohl das Dämmerlicht vier Jahre dauerte, maßen die Menschen die Zeit mit ihren alten irdischen Zeitmessern. In ihnen steckte der Lebensrhythmus eines Planeten, der Lichtjahre entfernt war.

»Die Zusammenkunft dauert jetzt schon über zwei Stunden, und man redet doch nur immer wieder dasselbe. Langsam müßte man die Sache doch leid sein.« Er stand auf.

»Was hast du vor?«

»Ich muß tun, was getan werden muß. Die Entscheidung darf nicht länger hinausgeschoben werden.«

Mit einer kurzen Geste umfaßte sie seine Hände und ließ sie schnell wieder los, als begriffe sie, was ihre Berührung für ihn bedeutete. »Viel Glück.«

»Nicht ich brauche das Glück. Mein Glück war vorbei, als ich auf Lebenskontrakt von der Erde verbannt wurde.«

Sie durfte ihn nicht begleiten, denn es handelte sich um eine Zusammenkunft der Familienvorstände und der technischen Offiziere. Als Wartungs-Captain hatte er dort Sitz und Stimme. Die Innentür der Druckkuppel war verschlossen, und er mußte laut anklopfen, ehe das Schloß sich klappernd öffnete. Proktor-Captain Ritterspach musterte ihn mißtrauisch aus eng zusammenstehenden Augen.

»Sie kommen spät.«

»Halten Sie den Mund, Hein, und machen Sie mir auf.« Jan hatte wenig Respekt vor dem Proktor-Captain, der die ihm Unterstellten piesackte und nach oben hin katzbuckelte.

Die Demoralisierung war so groß, wie er befürchtet hatte. Chun Taekeng hatte als ältester Familienvorstand die Leitung inne, und sein ewiges Gehämmer und Geschrei, wenn sich niemand um ihn kümmerte, trug nicht gerade zur Beruhigung bei. Es wurde zornig argumentiert und bitter denunziert, doch positive Vorschläge fehlten. Die Argumente, die schon seit einem Monat umliefen, wurden immer wieder vorgetragen und brachten die Diskussion nicht weiter. Es war Zeit.

Jan trat vor und hielt Aufmerksamkeit heischend die Hand hoch. Chun beachtete ihn jedoch nicht. Er ging weiter, bis er dicht vor dem kleinen Mann stand und ihn hoch überragte. Chun winkte zornig, er solle zur Seite treten und versuchte an ihm vorbeizuschauen, doch Jan bewegte sich nicht.

»Verschwinden Sie von hier, auf Ihren Platz! Das ist ein Befehl!«

»Ich werde jetzt sprechen. Bringen Sie die Leute zur Ruhe!«

Plötzlich wurde man auf ihn aufmerksam, und das Stimmengewirr verstummte. Chun hämmerte auf den Tisch, und diesmal gab es Ruhe.

»Das Wort hat der Wartungs-Captain!« rief er, dann warf er angewidert den Hammer aus der Hand. Jan wandte sich zu den anderen um.

»Ich werde Ihnen einige Tatsachen auftischen, Tatsachen, die nicht wegzuleugnen sind. Erstens – die Schiffe haben sich verspätet. Um sechs Wochen. In all den Jahren, in denen die Schiffe fällig waren, haben sie sich noch nie um eine solche Zeit verspätet. In der ganzen Zeit haben sie nur einmal länger als vier Tage auf sich warten lassen. Die Schiffe sind noch nicht da, und wir haben die Zeit mit Warten vergeudet. Wenn wir hierbleiben, werden wir verbrennen. Morgen früh müssen wir die Arbeit einstellen und die Vorbereitungen für die Fahrt beginnen.«

»Das letzte Korn auf den Feldern ...!« rief jemand.

»Wird verbrennen. Wir lassen es hier. Wir sind bereits verdammt spät dran. Ich frage unseren Zugmeister Iwan Semenow, ob das nicht richtig ist.«

»Was ist mit dem Korn in den Silos?« meldete sich eine Stimme, doch Jan ging über die Frage zunächst hinweg. Einen Schritt nach dem anderen.

Widerstrebend nickte der grauhaarige Semenow. »Ja, wir müssen losfahren. Wir müssen losfahren, um im Zeitplan zu bleiben.«

»Da haben Sie es. Die Schiffe haben sich verspätet, und wenn wir noch länger bleiben, werden wir über dem Warten sterben. Wir müssen die Fahrt in den Süden antreten und hoffen, daß sie uns erwarten, wenn wir Südland erreichen. Etwas anderes bleibt uns nicht übrig. Wir müssen sofort aufbrechen – und das Korn mitnehmen.«

Entsetztes Schweigen trat ein. Jemand lachte auf, nahm sich aber sofort zusammen. Dieser Vorschlag war neu – und neue Ideen stifteten in diesem Kreis nur Verwirrung.

»Unmöglich!« sagte die Hradil schließlich, und viele andere nickten zustimmend. Jan starrte in das eckige Gesicht und auf die dünnen Lippen des Vorstands von Alzbetas Familie und ließ seine Stimme tonlos klingen, damit sein Haß auf diese Frau nicht deutlich wurde.

»Es ist möglich. Sie sind eine alte Frau, die von diesen Dingen nichts versteht. Ich bin Captain im Dienste der Wissenschaft und sage Ihnen, es geht. Ich habe die Zahlen hier. Wenn wir unterwegs unseren Bewegungsraum einschränken, können wir beinahe ein Fünftel des Korns mitnehmen. Dann können wir die Züge leermachen und zurückkehren. Wenn wir schnell machen, ist es zu schaffen. Die leeren Züge können zwei Fünftel des Getreides befördern. Der Rest wird verbrennen, aber damit hätten wir fast zwei Drittel der Ernte gerettet. Wenn die Schiffe kommen, *brauchen* sie die Nahrung. Sonst werden Menschen verhungern. Wir haben das Getreide dann parat.«

Die anderen fanden ihre Stimme wieder und brüllten ihm und anderen Fragen zu, und von allen Seiten brandeten Spott und Zorn auf, während der kleine Hammer unentwegt auf den Tisch knallte, ohne daß sich jemand darum kümmerte. Jan drehte der Menge den Rücken zu und achtete nicht darauf. Sie mußten das Problem ausdiskutieren, mußten die neue Idee durchkneten und durchkauen. Dann mochte ihnen klar werden, daß es so ging. Es waren reaktionäre, sture Bauern, die jede Neuerung haßten. Wenn sie sich beruhigten, würde er seine Ansprache fortsetzen, doch für den Augenblick drehte er ihnen den Rücken zu und ignorierte sie. Er betrachtete die große Karte des Planeten, die von der Kuppel herabhing, der einzige Schmuck in dem riesigen Saal.

Halvmörk, so hatte das erste Entdeckungsteam den Planeten genannt. Dämmerlicht, die Dämmerlicht-Welt. Der offizielle Name in den Sternenkatalogen war Beta Aurigae III, der dritte Planet und der einzige bewohnbare der sechs Welten, die den heißen blauweißen Zwerg umkreisten. Allerdings nur bedingt bewohnbar. Denn der Planet war eine ungewöhnliche Welt, von großem Interesse für die Astronomen, die sich damit beschäftigt und die Tatsachen in ihre Unterlagen eingetragen hatten. Es war die große Achsneigung der Welt, die die Wissenschaftler so faszinierte und die es den Bewohnern eben erlaubte, den Planeten zu ertragen. Die Neigung der Achse betrug neunundvierzig Grad, und die Umlaufbahn hatte die Form einer langen, flachen Ellipse – und dies rief eine einzigartige Situation hervor. Die Erdachse war nur um 23,5 Grad geneigt, und das genügte schon, um die großen Veränderungen der Jahreszeiten hervorzurufen. Die Achse ist die gedachte Linie, um die sich ein Planet dreht; die Achsneigung die Zahl der Grade, um die diese Achse von der Vertikalen zur Umlaufbahn um das Gestirn abweicht. Einundvierzig Grad sind eine sehr hohe Abweichung und führten zusammen mit einer gestreckten Ellipsenform der Umlaufbahn zu ungewöhnlichen Erscheinungen.

Winter und Sommer waren jeweils vier Erdenjahre lang. Vier lange Jahre hindurch herrschte am Winterpol Dunkelheit – an dem Pol, der von der Sonne abgewandt war. Sobald diese Periode abrupt und extrem zu Ende ging – in der Zeit, in der der Planet die enge Kurve am kurzen Ende der Ellipsenbahn sein Periastron durchwanderte –, kam der Sommer zum Winterpol. Der Klima-Unterschied war brutal und dramatisch, denn der Winterpol wurde zum Zentrum des Sommers und war vier Jahre lang der Sonne ausgesetzt, so wie er zuvor in die Dunkelheit des Winters gewiesen hatte.

Unterdessen herrschte zwischen den Polen, von vierzig Grad Nord bis vierzig Grad Süd der endlose brennende Sommer. Am Äquator stiegen die Temperaturen über zweihundert Grad. Am Winterpol sanken die Temperaturen auf Werte um den Gefrierpunkt, und es gab gelegentlich sogar Frost. Zwischen diesen Temperaturextremen gab es nur einen Ort, an dem die Menschen angenehm leben konnten – die Dämmerzone. Der einzig bewohnbare Ort auf Halvmörk war diese Zone um den Winterpol. Hier schwankten die Temperaturen nur geringfügig, zwischen fünfzehn und dreißig Grad, und die Menschen konnten hier siedeln. Getreide konnte hier wachsen. Wunderbares, gezielt mutiertes Getreide, ausreichend, um ein halbes Dutzend überbevölkerter Planeten zu ernähren. Nuklearbetriebene Entsalzungswerke lieferten das Wasser und wandelten die Mineralien aus dem reichhaltigen Meer in Düngemittel um. Die terrestrischen Fabriken hatten keine Feinde, weil das hiesige Leben nicht auf Kohlenstoff, sondern auf Kupfer basierte. Das Fleisch des einen war für den anderen giftig. Ebensowenig konnte sich das auf Kupfer basierende Pflanzenleben gegen die schneller wachsenden und energischeren Kohlenstoff-Lebensformen durchsetzen, wenn es um die räumliche Ausdehnung ging. Die Flora wurde verdrängt und ausgelöscht – und die Ernten gediehen. Das Getreide paßte sich dem ewigen gedämpften Licht und der gleichbleibenden Temperatur an. Es wuchs und wuchs.

Vier Jahre lang, bis der Sommer kam und die brennende Sonne über den Horizont stieg und das Leben wieder unmöglich machte. Aber wenn auf einer Hemisphäre der Sommer begann, wurde es auf der anderen Winter, und es gab wieder eine bewohnbare Dämmerlichtzone am anderen Ende. Nun war es möglich, vier Jahre lang auf der anderen Hemisphäre anzubauen, bis die Jahreszeiten wieder umschlugen.

Wenn Wasser und Dünger zur Verfügung standen, war der Planet sehr fruchtbar. Die vorhandene Vegetation machte keine Schwierigkeiten. Die Wirtschaft der Erde war so gestaltet, daß der Nachschub an Siedlern auch keine Probleme ergab. Der Überlichtantrieb machte die Transportkosten erschwinglich. Nachdem man alles sorgfältig durchgerechnet und überprüft hatte, lag offen auf der Hand, daß man auf Halvmörk zu guten Konditionen Getreide produzieren und billig auf die nächsten bewohnten Welten transportieren konnte, wobei noch ein guter Gewinn verblieb. Es war zu schaffen. Auch die Schwerkraft war der irdischen sehr nahe; Halvmörk war zwar größer als die Erde, doch nicht annähernd so dicht. Alles war möglich. Es gab sogar zwei große Landmassen um die Pole, die in den benötigten Dämmerungszonen lagen. Man konnte sie abwechselnd bebauen, im Rhythmus von vier Jahren. Es war zu schaffen.

Nur blieb die Frage, wie man die Landleute und die Geräte alle vier Jahre von einer Zone in die andere schaffte. Die Strecke betrug immerhin fast siebenundzwanzigtausend Kilometer.

Was für Vorschläge und Pläne im einzelnen erörtert worden waren, hatte längst in vergessenen Archiven Staub angesetzt. Es blieben jedoch nur wenige Möglichkeiten. Am einfachsten – und auch am teuersten – wäre es gewesen, zwei verschiedene Arbeitsgruppen zu bilden. Während eine Verdoppelung der Gebäude und der Maschinen nicht übermäßig teuer war, blieb der Gedanke, daß ein Arbeitstrupp von neun Jahren fünf in klimatisierten Gebäuden untätig verbringen würde, völlig unannehmbar. Unvorstellbar für Arbeitgeber, die ihren lebenslang verpflichteten Sklaven jedes Jota Arbeitskraft abfordern wollten. Sicher hatte man auch über den Transport über das Meer nachgedacht. Halvmörk bestand vorwiegend aus Ozeanen – mit Ausnahme der beiden Polkontinente und einige Inselketten. Dies hätte aber zur Folge gehabt, daß alles über Land zum Meer gebracht werden mußte, um dort in große und teure Schiffe verladen zu werden, die mit den heftigen Tropenstürmen fertigwurden. Schiffe, die sorgfältig gewartet und gepflegt werden mußten, nur um etwa alle viereinhalb Jahre benutzt zu werden. Das kam auch nicht in Frage. Gab es also überhaupt eine Lösung?

O ja. Die Terraform-Ingenieure hatten große Erfahrung darin, Planeten auf Bedürfnisse des Menschen zuzuschneidern. Sie konnten giftige Atmosphären reinigen, Eiskappen abschmelzen und kühle Klimazonen aufwärmen, sie konnten Wüsten kultivieren und Dschungel verschwinden lassen. Sie konnten sogar an jeder beliebigen Stelle Landmassen aufsteigen lassen und dafür andere, die nicht gebraucht wurden, versenken. Solche schwerwiegenden Veränderungen wurden mit Hilfe von gravitronischen Bomben bewirkt. Jeder dieser Sprengkörper war so groß wie ein kleines Haus und mußte tief im Boden in einer speziell gegrabenen Kammer placiert werden. Wie diese Sprengsätze funktionierten, war ein von der Herstellerfirma sorgfältig gehütetes Geheimnis – doch ihre Auswirkungen waren alles andere als geheim. Nach dem Auslösen führten die gravitronischen Bomben zu einem Aufwallen gezielter seismischer Tätigkeit. Die Planetenkruste wurde aufgerissen, das darunter brodelnde Magma freigegeben, das nun seinerseits natürliche Erdbeben erzeugte. Natürlich ließ sich dies nur bewirken, wo Kontinentalplatten aneinander lagen, trotzdem war die Auswahl an möglichen Ansatzpunkten immer ziemlich groß.

Die gravitronischen Bomben hatten aus den Meerestiefen Halvmörks eine Kette lodernder Vulkane aufsteigen lassen – ihre Krater spuckten Lava aus, die sich abkühlte und zu Stein wurde und eine Inselkette bildete. Ehe die Vulkantätigkeit nachließ, wurden die Inseln zu einer Landbrücke, die die beiden Kontinente miteinander verband. Nach dieser Aktion war der Rest – relativ gesehen – eine Kleinigkeit: die höheren Berge waren mit Wasserstoffbomben abzusprengen und schließlich das grobe Land mit Fusionskanonen einzuebnen. Diese Kanonen glätteten die Oberfläche zu einer festen Stein-Straße von Kontinent zu Kontinent, eine Straße, die siebenundzwanzigtausend Kilometer weit beinahe von Pol zu Pol reichte.

Diese Umformung mußte viel gekostet haben. Aber die großen

Firmen waren allmächtig und kontrollierten den Reichtum der Erde absolut. Da machte es keine Mühe, ein entsprechendes Konsortium zu bilden, denn die Erträge versprachen gut zu werden und würden endlos fließen.

Die Zwangs-Siedler auf Halvmörk waren nomadisierende Bauern. Vier Jahre lang plagten sie sich ab und ließen ihre Ernte wachsen und lagerten sie für den Tag, an dem die Schiffe kamen. Dies war der langerwartete, aufregende, wichtigste Tag im Zyklus ihres Lebens. Wenn die Schiffe ihr Eintreffen ankündigten, war die Arbeit zu Ende. Das Getreide, das noch auf den Feldern stand, blieb ungeerntet, und die Feier begann, denn die Schiffe brachten zugleich alles, was das Leben auf dieser grundsätzlich feindlichen Welt ermöglichte. Frisches Saatgut, wo nötig, denn die mutierten Getreidearten waren instabil und die Bauern waren keine Biologen, die darüber wachen konnten. Kleidung und Ersatzteile, neue Nuklearbrennstäbe für die Atommotoren, all die unzähligen Ersatzteile und Geräte, die auf diesem nicht selbst industrialisierten Planeten eine auf der Maschine basierende Kultur am Leben erhielten. Die Schiffe blieben gerade lange genug, um den Nachschub zu löschen und ihre Laderäume mit Korn zu füllen. Dann starteten sie wieder, und die Feier endete. Ehen wurden geschlossen, denn dies war der einzige Zeitpunkt, da das Heiraten gestattet war – und dann war alles vorbei, der Alkohol ausgetrunken.

Und die Fahrt begann.

Die Menschen zogen herum wie die Zigeuner. Die einzigen dauerhaften Bauwerke waren die Unterstände für die Maschinen und Kornsilos mit den dicken Wänden. Nachdem die Zwischenwände herausgenommen und die großen Türen aufgehebelt worden waren, wurden die Lkws und Kopter, die schweren Erntemaschinen, Sämaschinen und anderen Feldgeräte ins Innere geschoben. Die beweglichen Teile wurden versiegelt, die Maschinenteile mit Silikonfett eingeschmiert – und so würden sie die Hitze des Sommers überdauern, bis die Bauern im kommenden Herbst zurückkehrten.

Alles andere machte die Reise mit. Der Versammlungssaal und die anderen Druck-Kuppel-Bauten wurden zusammengelegt und eingepackt. Die Abstützungen wurden hochgedreht, und all die anderen langen und schmalen Gebäude senkten sich auf ihre Federungen und Räder. Die Frauen hatten bereits seit Monaten Nahrung in Dosen eingekocht oder sonstwie haltbar gemacht, das Abschlachten der Schafe und Rinder hatte die Gefrierschränke mit Fleisch gefüllt. Nur einige wenige Lämmer und Kälber wurden mitgenommen; neue Herden entstanden aus der Spermabank.

Wenn alles verstaut war, schleppten die Lkws und Traktoren die Einheiten zu langen Trecks zusammen, ehe sie dann selbst eingemottet und luftdicht in den dauerhaften Gebäuden und Silos verstaut wurden. Die Maschinen, die Antriebseinheiten, lösten sich dann von ihren Standorten, wo sie vier Jahre lang als Kraftwerke gewirkt hatten, und rollten schwerfällig als Zugmaschinen an die Spitze jedes Trecks. War erst alles angekuppelt und durch Ketten und Trossen verbunden, erwachte der Zug zu vollem Leben. Alle Fenster wurden versiegelt, und die Klimaanlage wurde angeworfen. Sie würde die Arbeit erst beenden, wenn die Dämmerungszone der südlichen Hemisphäre erreicht und die Temperatur wieder erträglich war. Am Äquator mochte die Temperatur den Siedepunkt des Wassers erreichen. Bei Nacht sank sie allenfalls auf 55 Grad, und es gab keine Erleichterung, denn Halvmörk hatte eine Rotationsdauer von achtzehn Stunden, und die Nächte waren zu kurz, als daß sich die Temperatur spürbar hätte senken können.

»Jan Kulozik, wir haben eine Frage an Sie. Passen Sie auf, Kulozik, das ist ein Befehl!« Nachdem er schon den ganzen Abend herumgebrüllt hatte, klang Chun Taekengs Stimme ziemlich brüchig.

Jan wandte sich von der Landkarte ab und schaute in die Gesichter. Es wurden zahlreiche Fragen gebrüllt, doch er ignorierte sie, bis wieder Stille einkehrte.

»Hören Sie mich an!« sagte Jan. »Ich habe im Detail ausgearbeitet, was geschehen muß, und ich nenne Ihnen die Zahlen. Aber die Entscheidung muß fallen, ehe ich das tue. Nehmen wir das Getreide mit oder nicht? So einfach ist das. Abfahren müssen wir, dagegen ist nichts zu sagen. Und ehe Sie sich wegen des Korns entscheiden, sollten Sie zweierlei bedenken. Falls und wenn die Schiffe kommen, brauchen sie das Getreide, weil Menschen hungern. Tausende, vielleicht sogar Millionen würden sterben, wenn sie es nicht bekämen. Wenn wir das Getreide dann nicht bei uns haben, wäre ihr Tod unsere Schuld.

Wenn die Schiffe nicht kommen, dann sterben wir auch. Unsere Vorräte sind erschöpft, Ersatzteile kommen nicht nach, zwei Zugmaschinen haben bereits verminderte Leistung, und wir brauchen nach dieser Fahrt frische Brennstäbe. Ein paar Jahre würden wir durchhalten, doch irgendwann käme das Ende. Denken Sie darüber nach, dann entscheiden Sie.

Vorsitzender, ich bitte um Abstimmung.«

Als die Hradil sich erhob und die Aufmerksamkeit auf sich zog, erkannte Jan, daß es eine lange Auseinandersetzung werden würde. Diese alte Frau, die Anführerin der Mahrowa-Familie, repräsentierte die Kraft der Reaktion, des Einflusses, der sich gegen jede Veränderung wandte. Sie war klug, doch sie besaß den Verstand eines Bauern. Was alt war, war gut, alles Neue mußte vom Bösen sein. Jede Veränderung machte die Dinge schlimmer, das Leben mußte in unveränderlichen Bahnen verlaufen. Die anderen Anführer lauschten ihren Worten mit Respekt, denn sie formulierte ihre unüberlegten und ewig wiedergekäuten Argumente am besten. Wenn sie aufstand, setzten sie sich bequemer hin, bereit, den beruhigenden Balsam der Dummheit über sich ausgießen zu lassen, bereit, die uralten, engstirnigen Ansichten dieser Frau als Gesetz anzuerkennen.

»Ich habe mir die Worte dieses jungen Mannes angehört. Ich schätze seine Meinung, obwohl er kein Familienvorstand ist und nicht einmal einer unserer Familien angehört.« Schön gesagt, überlegte Jan. Mit den Eröffnungsworten wurde ihm bereits Glaubwürdigkeit genommen, Vorläufer für das Anrennen gegen all seine Argumente.

»Trotzdem«, fuhr sie fort, »müssen wir uns seine Vorschläge anhören und sie nach ihren Verdiensten bewerten. Er hat recht. Was er aufgezeigt hat, ist die einzige Möglichkeit. Wir müssen das Getreide mitnehmen. Dies ist unsere Aufgabe seit alters her, der Grund für unsere Existenz. Ich bitte um negative Abstimmung, damit niemand sich hinterher beschweren kann, wenn die Dinge nicht richtig laufen. Ich fordere Sie alle auf, damit einverstanden zu sein, daß wir sofort abfahren und das Getreide mitnehmen. Wer nicht dieser Ansicht ist, soll jetzt aufstehen.«

Es hätte schon stärkere Persönlichkeiten erfordert, um unter dem kalten Blick dieser Frau aufzustehen. Außerdem waren die Leute verwirrt. Erstens wurde ihnen da ein neuer Gedanke aufgetischt, etwas, von dem sie wenig hielten, und überdies zu einem Zeitpunkt, da von der Entscheidung Leben oder Tod abhängen konnte. Und nun wurde dieser Vorschlag von der Hradil unterstützt, einer Frau, die in beinahe jeder Beziehung ihren Willen verkörperte. Es war beunruhigend. Sie mußten darüber nachdenken, und als sie ein bißchen gegrübelt hatten, war es zu spät aufzustehen und der Frau Widerstand zu leisten, und so wurde die Entscheidung mit gereiztem Gemurmel und düsteren Blicken einstimmig beschlossen.

Jan gefiel diese Wahl auch nicht, doch er konnte schlecht Einwände gegen seinen eigenen Vorschlag erheben. Trotzdem war er mißtrauisch. Er wußte, die Hradil haßte ihn so intensiv, wie er sie verabscheute. Trotzdem hatte sie sich hinter seine Idee gestellt und die anderen zwangsweise dazu bekehrt. Irgendwann würde er dafür bezahlen müssen, auf eine Weise, die er sich heute noch nicht vorstellen konnte. Zum Teufel damit! Wenigstens hatte die Versammlung seinem Vorschlag zugestimmt. Was wollte er mehr?

»Was tun wir nun?« fragte die Hradil und wandte sich in seine Richtung, ohne ihn allerdings offen anzusehen. Sie gedachte ihn zu benutzen, akzeptierte ihn aber nicht.

»Wir stellen die Züge zusammen wie immer. Doch ehe dies geschieht, müssen die Familienvorstände Listen nicht-wesentlicher Dinge machen, die wir zurücklassen können. Diese Listen gehen wir gemeinsam durch. Die Dinge lassen wir dann bei den Maschinen zurück. Einiges wird durch die Hitze vernichtet werden, aber wir haben keine andere Wahl. In jedem Treck werden zwei Wagen als Wohnung eingerichtet. Das bedeutet eine qualvolle Enge, das weiß ich, aber es muß sein. Alle anderen Wagen werden mit Getreide gefüllt. Ich habe das Gewicht berechnet, die Wagen halten das aus. Die Zugmaschinen kommen langsamer voran, doch wenn wir gut Vorsorge treffen, bekommen sie die Züge über die Strecke.«

»Den Leuten wird das nicht gefallen«, sagte die Hradil, und zahlreiche Köpfe nickten.

»Das weiß ich, aber Sie sind die Familienvorstände. Sie müssen den Gehorsam erzwingen. Sie haben in jeder anderen Beziehung Autorität, beispielsweise in der Frage der Eheschließung.« Betont blickte er die Hradil an, doch sie wich seinem Blick ebenso deutlich aus. »Lassen Sie sich also auf nichts ein. Schließlich sind Sie keine gewählten Volksvertreter, die jederzeit ersetzt werden können. Ihre Herrschaft ist absolut. Setzen Sie Ihre Macht ein. Die Fahrt wird nicht so gemächlich und mühelos ablaufen wie früher. Es wird eine schnelle, anstrengende Fahrt. Und das Leben in Südstadt wird sich ungemütlich anlassen, bis die Züge mit der zweiten Ladung ankommen. Sagen Sie das den Leuten. Legen Sie jetzt die Karten offen auf den Tisch, damit sich später niemand beschweren kann. Sagen Sie den Leuten, daß wir nicht wie früher nur fünf Stunden am Tag fahren, sondern mindestens achtzehn Stunden. Wir werden langsamer vorankommen und sind bereits spät dran. Und die Züge müssen ein zweitesmal fahren. Wir haben also sehr wenig Zeit. – Und da ist noch etwas ...«

Jetzt kam die zweite Entscheidung, die heute fallen mußte, eine Entscheidung, die für ihn persönlich noch wichtiger war. Er hoffte, daß Lee Ciou sein Wort halten würde. Der Piloten-Captain war im Grunde kein Menschenfreund und mochte auch die Politik nicht, so daß es Mühe gemacht hatte, ihn zu einer Teilnahme zu bewegen.

»Dies alles ist neu«, sagte Jan. »Es muß einen Koordinator für die Veränderungen geben, für die erste Fahrt und einen Kommandanten für die zweite Fahrt. Jemand muß das Kommando führen. Wen schlagen Sie vor?«

Eine neue Entscheidung. Wie verhaßt ihnen das war! Alle sahen sich um und murmelten durcheinander. Lee Ciou stand auf, wartete einen kurzen Augenblick lang und zwang sich dann zum Sprechen.

»Jan Kulozik muß es tun. Er ist der einzige, der genau weiß, was zu tun ist.« Er setzte sich sofort wieder.

Das Schweigen zog sich in die Länge, während die Anwesenden den Gedanken immer wieder in ihrem Geiste bewegten, entsetzt über diese Abkehr von der Tradition, über den plötzlichen Wandel, der sich hier abzeichnete.

»Nein!« kreischte Chun Taekeng, und sein rotes Gesicht reflektierte einen Zorn, der größer war als normal. Achtlos schlug er mit dem kleinen Hammer zu und schien es selbst nicht einmal zu merken. »Iwan Semenow wird die Fahrt organisieren. Iwan Semenow macht das immer. Er ist der Zugmeister. So ist es immer gemacht worden, so wird es weiter geschehen!« Speichel flog von seinen Lippen, so heftig stieß er die Worte hervor. Die Leute in der ersten Reihe neigten sich zurück und wischten sich unauffällig die Gesichter – während sie gleichzeitig zustimmend nickten. Diese Forderung konnten sie verstehen, etwas, das keinen Fortschritt oder Rückschritt bedeutete, sondern ein Festhalten am Bewährten.

»Hören Sie auf zu hämmern, Taekeng, ehe der Stiel abbricht«, sagte die Hradil mit fauchender Stimme. Der Vorsitzende riß den Mund auf; er war es gewohnt, Befehle zu geben, und wurde normalerweise nicht so angefahren. So etwas hatte es noch nicht gegeben. Er zögerte, und der Hammer verweilte in der Luft, und ehe er seine Gedanken sammeln konnte, sprach die Hradil weiter.

»So ist es besser, viel besser. Wir müssen uns etwas überlegen, das in dieser Situation das Richtige ist – es muß nicht unbedingt etwas sein, das sich früher bewährt hat. Wir unternehmen hier etwas Neues, vielleicht brauchen wir also einen neuen Organisator. Ich behaupte nicht, daß es unbedingt so sein soll. Vielleicht. Warum fragen wir nicht Iwan Semenow nach seiner Meinung? Was halten Sie davon, Iwan?«

Langsam stand der großgewachsene Mann auf. Er zupfte an seinem Bart, schaute sich im Kreis der technischen Offiziere und Familienvorstände um und versuchte ihnen die Reaktion von den Gesichtern abzulesen. Aber dort fand er keine Hilfe. Zorn las er dort, gewiß, und große Verwirrung – doch keine klare Entscheidung.

»Vielleicht sollte man Jan in Betracht ziehen, als Planer, wenn Sie verstehen, was ich meine. Neuerungen, die müssen durchdacht sein, und dann zwei Fahrten ... Ich weiß im Grunde nicht recht ...«

»Wenn Sie sich nicht auskennen, sollten Sie den Mund halten!« rief Chun Taekeng und knallte einmal mit dem Hammer. Aber er brüllte und hämmerte schon den ganzen Abend und wurde nicht weiter beachtet. Iwan redete weiter.

»Wenn ich mich mit den Neuerungen nicht auskenne, brauche ich Hilfe. Jan Kulozik weiß Bescheid, denn es ist sein Plan. Er weiß, was zu tun ist. Ich werde den Treck organisieren, wie immer, aber er kann die nötigen Veränderungen anordnen. Ich muß zustimmen, ja, ich muß gefragt werden, doch er könnte die Neuerungen organisieren.«

Jan wandte sich ab, damit man sein Gesicht nicht sah und seine Gefühle darauf ablas. Er gab sich größte Mühe, doch er haßte diese Menschen! Mit dem Handrücken rieb er sich über die Lippen, um etwas von dem bitteren Geschmack fortzureiben, der ihm zu schaffen machte. Niemand merkte etwas; aller Augen waren auf die Hradil gerichtet, die jetzt wieder das Wort ergriff.

»Gut. Ein guter Plan. Ein Familienvorstand muß bei der Fahrt das Kommando führen. So muß es geschehen. Das ist der richtige Weg. Der technische Offizier wird ihm beratend zur Seite stehen. Ich finde, das ist eine gute Idee, ich bin dafür. Wer anderer Ansicht ist, sollte den Arm heben, und zwar schnell. Na bitte, alle dafür.«

Er führte also das Kommando – andererseits auch wieder nicht. Jan verspürte den Drang, nicht nachzugeben und auf der uneingeschränkten Kontrolle zu bestehen, aber damit erreichte er nichts. Diese Leute hatten nachgegeben, also mußte er auch ein wenig flexibel sein. Der Transport des Korns war wesentlich, und das kam an erster Stelle.

»In Ordnung«, sagte er. »Wir machen es also. Aber es darf keine Auseinandersetzungen mehr geben, darüber müssen wir uns einig sein. Die Ernte wird sofort beendet. Alle unwichtigen Dinge werden aus den Wagen herausgeholt. Alles muß halbiert werden, da wir weniger als die Hälfte Platz zur Verfügung haben werden als sonst. Sie müssen Ihren Leuten Bescheid sagen, für die Vorbereitungen hätten Sie einen Tag Zeit. Wenn Sie es so sagen, sind wir vielleicht in zwei Tagen soweit. Die ersten Wagen sollen in zwei Tagen leer sein, damit wir mit der Verladung des Korns beginnen können. Gibt's noch Fragen?«

Fragen? Es kam nur Schweigen. Fragt man einen Hurrikan, der einen in die Luft schleudert, wie schnell er gerade weht?

3

»Ich finde, wir fahren zu früh. Das Ganze ist ein Fehler.«

Hein Ritterspach fummelte am Schloß der Fusionskanone herum und brachte es nicht fertig, Jan ins Auge zu blicken. Jan knallte das Inspektionsluk für das Reduktionsgetriebe zu und schraubte es fest. Im Fahrerabteil des gepanzerten Fahrzeugs war es eng und muffig, und er roch den beißenden Schweiß des anderen.

»Nicht zu früh, Hein, eher zu spät.« Er sprach tonlos, erschöpft, weil er dieselben Dinge immer wieder sagen mußte. »Die Züge werden gar nicht so weit hinter Ihnen sein, denn wir fahren schneller. Wir holen Sie eher ein, als Sie annehmen. Deshalb bekommen Sie auch eine doppelte Mannschaft mit, damit Sie sechzehn Stunden am Tag arbeiten können. Ich will nur hoffen, daß das genügt. Ihr Job ist besonders wichtig, Hein. Sie von der Wartung müssen in diesen Panzerfahrzeugen die Straße absuchen, ob sie für die Züge auch in Ordnung ist. Sie wissen ja, was Ihnen bevorsteht, Sie tun diese Arbeit nicht zum erstenmal. Diesmal müssen Sie sich nur mehr anstrengen.«

»So schnell kommen wir nicht voran. Die Männer werden nicht mitmachen.«

»Sie werden sie dazu anhalten.«

»Ich kann doch nicht bitten ...«

»Sie bitten nicht, Sie geben *Befehle!*« Die tagelange Arbeit, die frustrierend war und kein Ende nehmen wollte, hatte bei Jan ihre Spuren hinterlassen. Seine Augen waren rotgerändert, und er bekam die Müdigkeit nicht mehr aus dem Körper. Er war es leid, zu überreden, anzuschieben, zu stoßen, diese Menschen einmal in ihrem Leben zu etwas Neuem zu zwingen. Seine Geduld war wirklich nicht mehr die beste, und der Anblick dieses rundlichen Waschlappens ließ das Faß überlaufen. Er fuhr herum und bohrte dem Mann einen Finger in den wabbeligen Bauch.

»Sie sind ein Jammersack, Hein, wissen Sie das? Niemand hier braucht einen Proktor-Captain, es haben alle zuviel zu tun und sind zu müde, um Schwierigkeiten zu machen. Sie faulenzen also nur herum. Erst wenn wir die Züge in Gang haben, werden Sie richtig arbeiten. Dann müssen Sie uns vorausfahren und die Straße räumen – und mehr nicht. Hören Sie auf, nach Vorwänden zu suchen! Fangen Sie endlich an zu arbeiten!«

»So können Sie mit mir nicht reden!«

»Ich hab's doch eben getan. Ihre Panzer und Männer sind abfahrbereit. Ich habe die Ausrüstung persönlich überprüft, und es ist alles in Ordnung. Diesen Kommandopanzer habe ich jetzt das drittemal durchgesehen, und es ist *nichts* defekt. Also fahren wir los!«

»Sie, Sie ...«

Dem großen Mann versagte vor Wut die Stimme, und er hob eine große Faust über den Kopf. Jan trat dicht vor ihn hin und ballte eine harte, zerkratzte Technikerfaust. Lächelnd wartete er ab.

»Ja, nun schlagen Sie mich doch schon! Warum tun Sie's nicht?«

Er mußte zwischen den Zähnen hindurchsprechen, so fest hatte er die Wangenmuskeln angespannt, und sein Arm bebte vor unterdrückter Wut. Hein konnte seinem Blick nicht standhalten. Er ließ die Faust sinken, wandte sich ab und kletterte ungeschickt durch das Luk. Draußen klapperten seine Stiefel auf den Sprossen.

»Das ist Ihr Ende, Kulozik!« brüllte er, und sein rotes Gesicht wurde durch das Luk gerahmt. »Ich gehe zu Semenow, zu Chun Taekeng. Sie werden rausgeworfen! Sie sind zu weit gegangen ...«

Jan machte einen müden Schritt vorwärts und hob die Faust. Das Gesicht verschwand sofort. Ja, er war zu weit gegangen. Er hatte den Großsprecher als Feigling dastehen lassen. Das würde ihm Hein niemals verzeihen. Zumal es bei der Szene einen Zeugen gegeben hatte, Lajos Nagy saß stumm auf dem Sitz des Beifahrers. Er wußte sehr wohl, was hier geschehen war.

»Lassen Sie die Motoren an«, befahl Jan. »Sie glauben, ich habe ihn zu hart angefaßt, Lajos?«

»Wenn man eine Weile mit ihm gearbeitet hat, ist er ganz in Ordnung.«

»Ich wette, es wird immer schlimmer mit ihm, je länger man mit ihm zusammen ist.«

Eine grollende Vibration ließ den Boden erzittern, als das Getriebe einrastete. Jan legte lauschend den Kopf auf die Seite. Der Panzer war in guter Verfassung. »Geben Sie den anderen Bescheid – Motoren anlassen!« befahl er. Er verriegelte das Luk, während gleichzeitig die Klimaanlage ansprang, dann ließ er sich auf den Fahrersitz gleiten, die Füße auf die Bremsen gestemmt, die Hände leicht auf das Rad gelegt, das die Kettengeschwindigkeit mit dem Umlauf der Kupplung in Übereinstimmung brachte. Zwanzig Tonnen Stahl vibrierten gespannt und warteten auf sein Kommando.

»Geben Sie Bescheid, die anderen sollen in jeweils hundert Metern Abstand hinter mir bleiben. Wir fahren los.«

Lajos zögerte einen kurzen Augenblick, dann schaltete er sein Mikrofon ein und gab den Befehl. Er war ein guter Mann; wenn sie nicht gerade die große Fahrt machten, gehörte er zu Jans Technikern.

Jan schob das Rad nach vorn und neigte es gleichzeitig. Das Jaulen des Getriebes steigerte sich, und als die Kupplung faßte, fuhr der Panzer ruckhaft an. Die schweren Fahrketten schlugen klirrend auf das kompakte Gestein der Straße. Als Jan auf die Heckkamera schaltete, sah er, daß auch die anderen Panzer zum Leben erwacht waren und sich hinter ihm einreihten. Sie waren unterwegs. Die breite Hauptstraße der Stadt glitt vorbei, die hoch aufragenden Mauern der Lagergebäude, dahinter das erste Ackerland. Er ließ die Kontrollen auf Handbedienung, bis die letzten Gebäude verschwunden waren und die Straße sich verschmälerte. Dann schaltete er auf Automatik, und der Panzer begann schneller zu fahren. Ein in die erstarrte Lavamasse der Straße eingelassener Draht diente als Führung. Die Kolonne der Panzer röhrte an den Bauernhöfen vorbei auf die Wüste zu.

Als die erwartete Nachricht durchkam, waren sie bereits in der sandigen Öde, in der die schnurgerade Straße das einzige Anzeichen für die Existenz des Menschen auf dieser Welt war.

»Ich habe Ärger mit dem Funkgerät«, sagte Jan, »und melde mich gleich wieder.« Er schaltete das Mikrofon ab. Die anderen Panzer hatten auf UKW-Kommandowelle geschaltet und hatten die Nachricht vermutlich nicht aufgefangen. Er hatte diese Sache in Gang gebracht und wollte sie auf seine Weise zu Ende bringen.

Als sie auf das erste Problem stießen, waren sie gut dreihundert Kilometer von der Siedlung entfernt. Sand war über die Straße getrieben worden und bildete eine bis zu zwei Meter hohe Barriere. Jan ließ die Kolonne halten, während sein Panzer die Schräge erklomm. Es sah nicht besonders schlimm aus.

»Welche Maschinen haben die größten Räumschieber?«

»Siebzehn und neun«, antwortete Lajos.

»Lassen Sie sie nach vorn holen, sie sollen das Stück freiräumen. Holen Sie einen zweiten Fahrer aus dem Hauswagen, er soll bei Ihnen bleiben, bis Hein Ritterspach eintrifft. Er wird sich ein paar Tage ziemlich mies anstellen, aber versuchen Sie, ihn zu überhören. Ich fordere ihn jetzt über Funk auf, mit einem Kopter herzukommen, falls er nicht schon unterwegs ist, und fliege gleich mit der Maschine zurück.«

»Ich hoffe, es gibt keinen Ärger.«

Jan lächelte, müde, aber froh, daß er etwas getan hatte. »Natürlich gibt es Ärger. Etwas anderes war nicht zu erwarten. Aber die Kolonne kommt gut voran. Ritterspach wird es nicht wagen umzukehren. Er kann nur weitermachen.«

Jan gab den Funkspruch durch, dann trat er das Luk auf und stieg in den Sand hinab. War es bereits wärmer – oder bildete er sich das nur ein? Und war es am südlichen Horizont nicht heller geworden? Durchaus möglich, denn die Morgendämmerung würde bald einsetzen. Er hielt sich abseits, während die Panzer die Schräge heraufklapperten und an ihm vorbeifuhren. Das letzte Fahrzeug schleppte den Hauswagen und hielt eben lange genug, daß der Ersatzfahrer aussteigen konnte. Die Erdbewegungspanzer nahmen eben den Sand in Angriff, als sich über dem Klirren ihrer Fahrketten das Rattern eines Hubschraubers bemerkbar machte. Die Maschine mußte gestartet sein, ehe seine Botschaft in der Siedlung eintraf. Die Maschine beschrieb einen Kreis und landete dann auf der Straße. Jan ging hinüber.

Drei Männer stiegen aus, und Jan wußte, daß der Ärger noch nicht ausgestanden war, sondern vielleicht erst richtig begann. Er redete sofort los, in der Hoffnung, die anderen in die Defensive zu drängen.

»Iwan, was machen Sie denn hier, zum Teufel? Wer kümmert sich um die Züge, wenn wir hier beide auf der Straße sind?«

Iwan Semenow zwirbelte unruhig seinen Bart und verzog bedrückt das Gesicht, nach Worten suchend. Hein Ritterspach, begleitet von einem Proktor-Assistenten, meldete sich als erster.

»Ich nehme Sie mit zurück, Kulozik, unter Arrest. Man wird Sie unter Anklage stellen wegen ...«

»Semenow, walten Sie Ihres Amtes!« fuhr Jan ihm dazwischen und wandte den beiden Proktoren den Rücken zu. Dabei vergaß er die Handfeuerwaffen der beiden Männer durchaus nicht; sie hielten die Hände in der Nähe der Griffe. Er spürte ein seltsames Ziehen zwischen den Schulterblättern, das er zu ignorieren versuchte. »Sie sind Zugmeister. Es handelt sich um einen Notfall. Die Panzer räumen die Straße. Hein muß sich darum kümmern. Er führt das Kommando. Über seine kleinen Probleme können wir reden, wenn wir in Südstadt eingetroffen sind.«

»Die Panzer können warten. Diese Sache ist wichtiger! Sie haben mich angegriffen!«

Hein bebte vor Zorn und hatte zur Hälfte seine Waffe gezogen. Jan drehte sich so weit zur Seite, daß er beide Proktoren im Auge behalten konnte. Schließlich faßte sich Semenow ein Herz.

»Eine schlimme Sache. Vielleicht sollten wir alle in die Stadt zurückkehren und in Ruhe darüber sprechen.«

»Wir haben keine Zeit für Gespräche – geschweige denn Ruhe!« Jan brüllte die Worte hinaus und spielte den Verärgerten, um den Zorn des anderen anzustacheln. »Dieser dickleibige Idiot steht unter meinem Kommando. Ich habe ihn nicht angefaßt. Er lügt! Folglich handelt es sich um Meuterei. Wenn er sich nicht *sofort* zu den Panzern begibt, werde ich ihn entwaffnen und festsetzen.«

Diese schneidenden Worte waren für Hein natürlich zuviel. Er griff nach seinem Waffenhalfter, packte seine Pistole und zog sie. Als der Lauf im Freien war, griff Jan zu – noch ehe die Mündung auf ihn wies.

Er fuhr herum und packte Heins Handgelenk mit seiner rechten Hand, während er mit der Linken dem anderen oberhalb des Ellenbogens energisch gegen den Arm hieb. Sich weiter drehend, nutzte er Geschwindigkeit und Gewicht und hebelte Ritterspach den Arm auf dem Rücken hoch, so fest, daß Hein vor Schmerzen aufschrie. Der große Mann konnte nicht anders, seine Finger erschlafften, und die Waffe begann ihm zu entgleiten – doch Jan drückte weiter. Es war grausam, doch er mußte es tun. Der Arm brach mit lautem Knacken, und Heins Körper erschauderte – erst jetzt ließ Jan den anderen los. Die Waffe fiel klappernd auf die Steinfläche der Straße, und Hein glitt langsam zu Boden. Jan wandte sich an den anderen Bewaffneten.

»Ich führe hier das Kommando, Proktor. Ich gebe Ihnen den Befehl, diesem Verwundeten zu helfen und ihn zum Kopter zu bringen. Zugmeister Semenow ist mit dieser Anordnung einverstanden.«

Der junge Proktor blickte in qualvoller Unentschlossenheit von einem zum anderen. In seiner Verwirrung sagte Semenow nichts, und sein Schweigen half dem Mann nicht weiter. Hein stöhnte laut vor Schmerzen und wand sich auf der harten Straßenoberfläche. Dies brachte den Proktor zu sich; er ließ die halb gezogene Waffe wieder in den Halfter rutschen und kniete neben seinem verwundeten Befehlshaber nieder.

»Das hätten Sie nicht tun dürfen, Jan.« Semenow schüttelte betrübt den Kopf. »Es erschwert die Lage.«

Jan zog ihn am Arm zur Seite. »Die Lage hätte ohnehin nicht schwieriger sein können. Sie müssen mir glauben, daß ich Hein nicht angegriffen habe. Ich habe dafür auch einen Zeugen, falls Sie Zweifel hegen sollten. Trotzdem machte er Ärger und heizte die Situation soweit auf, daß einer von uns gehen mußte. Auf ihn können wir verzichten. Sein Stellvertreter Lajos kann das Kommando übernehmen. Hein wird mit dem Zug fahren, und sein Arm wird heilen, und er wird in Südstadt sicher weitere Probleme machen, *aber nicht gerade jetzt.* Wir müssen abfahren wie vorgesehen.«

Was sollte Semenow darauf antworten? Die Entscheidung war ihm abgenommen worden, und er bedauerte sie nicht. Er holte die Erstehilfe-Tasche aus dem Kopter und machte sich daran, den gebrochenen Arm mit einer Luftbeutel-Schiene zu versorgen. Das war aber erst möglich, nachdem der jammernde Hein mit einer Injektion beruhigt worden war. Der Rückflug verlief schweigend.

4

Jan lag auf seiner Koje, und seine Muskeln waren zu verkrampft, als daß er Entspannung finden konnte. Zum wiederholten Male ging er seine Listen durch. Bis zur Abfahrt waren es nur noch wenige Stunden. Das letzte Getreide wurde eben verladen. In dem Maße, wie die Silos geleert wurden, entfernte man die Zwischenwände, um die schweren Erntemaschinen hineinschieben zu können. Eingefettet mit Silikonschmiere und in Plastikfäden eingesponnen, würden sie die 100 Grad Hitze des vier Jahre langen Sommers überstehen. Sie alle, Lkws, Kopter, Erntemaschinen, gab es ebenfalls in Südstadt, sie mußten also auf die große Reise nicht mitgenommen werden. Die Menschen hatten Vorräte an gefrorenen Nahrungsmitteln verladen, außerdem die Hühner, Lämmer und Kälber, mit denen die Herden neu begonnen werden sollten, dazu persönliche Dinge – auf schmerzhafte Weise beschränkt, denn das Getreide füllte beinahe alle Wagen. Die Wassertanks waren voll: Jan schrieb das Wort *Wasser* hin und unterstrich es. Gleich morgen früh mußte er sich in das Computer-Relais einschalten und die Entsalzungsanlage am Nordpunkt auf Halt schalten. Die Sekundärfunktionen waren bereits beendet worden und arbeiteten im Augenblick nur noch mit dem Minimum, um den 1300 Kilometer langen Kanal- und Tunnelkomplex voller Wasser zu halten. Das konnte er nun ebenfalls abschalten; für diesmal war die landwirtschaftliche Saison beendet. Es klopfte an der Tür, zuerst so leise, daß er sich zu täuschen glaubte. Dann wurde es wiederholt.

»Einen Augenblick.«

Jan schob die Papiere zu einem unordentlichen Haufen zusammen und warf sie auf den Tisch. Mit steifen Beinen und nackten Füßen schlurfte er dann über den Plastikboden und öffnete die Tür. Vor ihm stand Lee Ciou, der Funktechniker.

»Störe ich, Jan?« Er schien sich Sorgen zu machen.

»Nein, eigentlich nicht. Ich habe nur Unterlagen studiert, während ich lieber schlafen sollte.«

»Vielleicht ein andermal ...«

»Na, jetzt sind Sie ja da, kommen Sie rein! Trinken Sie einen Tee mit mir, anschließend können wir beide vielleicht noch eine Runde schlafen.«

Lee bückte sich und brachte einen Kasten herein, der außerhalb des Blickfelds gestanden hatte. Jan beschäftigte sich damit, dem Küchenhahn kochendes Wasser abzuzapfen, um den Topf vorzuheizen, dann fügte er Teeblätter hinzu. Er wollte Lee als ersten reden lassen. Lee war ein ruhiger Mann mit einem Verstand, der einer seiner gedruckten Schaltungen glich. Die Gedanken wurden hin und her entwickelt und traten erst nach einer gewissen Zeit zutage, dann aber vollständig und endgültig.

»Sie sind von der Erde«, sagte er schließlich.

»Ich glaube, diese Tatsache ist allgemein bekannt. Milch?«

»Vielen Dank. Wie man hört, gibt es auf der Erde in einer Gesellschaft viele Schichten – nicht nur eine einzige Bevölkerung, wie wir sie hier haben?«

»So könnte man sagen. Es ist eine vielseitige Gesellschaft. Sie haben davon sicher einiges auf den Programmen von der Erde gesehen. Die Leute haben unterschiedliche Aufgaben, leben in verschiedenen Ländern. Es gibt viel Abwechslung.«

Auf Lees Stirn stand eine dünne Schweißschicht. Er war beunruhigt und fühlte sich unbehaglich. Jan schüttelte bedächtig den Kopf und überlegte, wohin das Gespräch führen sollte.

»Gibt es dort auch Verbrecher?« fragte Lee, und Jan war plötzlich hellwach.

Vorsicht! sagte sich Jan. Jetzt mußt du sehr vorsichtig sein. Sag nicht zuviel, leg dich nicht fest.

»Anzunehmen, daß es welche gibt. Schließlich gibt es ja auch eine Polizei. Warum fragen Sie?«

»Haben Sie schon mal einen Verbrecher gekannt, oder jemanden, der das Gesetz übertreten hat?«

Jan konnte nicht ruhig bleiben. Dazu war er zu müde, dazu waren seine Nerven zu angespannt.

»Sind Sie ein Spitzel der Erde? Ist das Ihre Aufgabe hier?« Seine

Stimme klang emotionslos kühl. Lee hob die Augenbrauen, doch sein Gesichtsausdruck veränderte sich nicht.

»Ich? Natürlich nicht. Warum sollte ich der Polizei auf einer anderen Welt über Dinge berichten, die sich auf Halvmörk abspielen?«

Jetzt hast du dich verraten, mein Junge, dachte Jan. Als er weitersprach, war er so zurückhaltend wie der andere.

»Wenn Sie kein Spitzel sind – woher wissen Sie dann, was das Wort bedeutet? Ein Wort aus der irdischen Umgangssprache, das keinen guten Ruf genießt. Es verspottet die Autorität. Ich habe es noch nie auf einem 3V-Band gesehen oder in einem Buch gelesen, das für den Gebrauch auf dieser Welt genehmigt ist.«

Lee rang unbehaglich die Hände. Seinen Tee hatte er vergessen. Er äußerte sich stockend, doch als er dann in Fahrt kam, sprudelten die Worte nur so hervor.

»Sie merken das natürlich, Sie wissen über diese Dinge Bescheid. Sie wissen, wie es auf der Erde und auf anderen Welten ist. Ich habe mir schon lange gewünscht, mal mit Ihnen darüber zu sprechen, hielt das aber für eine Kränkung. Sie haben nie von sich aus davon angefangen, dafür gibt es sicher gute Gründe. Deshalb bin ich heute abend hier. Bitte hören Sie mich an! Verlangen Sie nicht, daß ich schon gehen soll! Ich will Sie nicht beleidigen. Aber – Ihre Gegenwart hier, die Tatsache, daß Sie all die Jahre hiergeblieben sind, bedeutet vielleicht, daß Sie nicht fort dürfen. Dennoch weiß ich, Sie sind ein ehrlicher Mann und wollen das Beste. Ich halte Sie nicht für einen Spitzel. So etwas würden Sie nicht tun. Wenn Sie das nicht sind ... Sie sind kein Verbrecher, nein, aber Sie ... naja, vielleicht gibt's da ...«

Seine Stimme erstarb; über solche Dinge sprach man hier nicht weniger zögernd als auf der Erde.

»Sie wollen sagen – selbst wenn ich kein Verbrecher bin, muß es doch für meinen Aufenthalt auf diesem Planeten einen Grund geben?« Lee nickte hastig. »Gibt es einen Grund, warum ich mich mit Ihnen darüber unterhalten sollte? Im Grunde geht Sie das nichts an.«

»Das weiß ich«, sagte Lee verzweifelt. »Ich dürfte Sie nicht danach fragen. Es tut mir leid. Aber es ist für mich sehr wichtig ...«

»Für mich auch. Wenn ich mit Ihnen spreche, könnte ich Ärger bekommen – und Sie in Schwierigkeiten bringen. Was ich Ihnen sage, darf also nicht weitergetragen werden ...«

»Das passiert auf keinen Fall – ich verspreche es Ihnen!«

»Dann kann ich Ihnen sagen, daß ich Probleme mit den Behörden hatte. Ich wurde zur Strafe hierhergeschickt. Und ich kann hier so leben, wie ich es tue, solange ich keinen neuen Ärger mache. Etwa indem ich Ihnen solche Sachen erzähle.«

»Ich wollte eigentlich nicht fragen – aber ich mußte es wissen. Es gibt da etwas, was ich Ihnen anvertrauen muß. Ich gehe damit ein Risiko ein, aber ich glaube, die Chancen stehen gut. Ich muß es Ihnen sagen oder alles aufgeben – und das könnte ich nicht ertragen.« Lee richtete sich auf und hob das Gesicht, als erwarte er, geschlagen zu werden. »Ich habe das Gesetz übertreten.«

»Na, schön für Sie. Wahrscheinlich sind Sie auf diesem primitiven Planeten der einzige, der dazu den Nerv hatte.«

Lee stockte der Atem. »Es macht Ihnen nichts aus?«

»Nicht im geringsten. Eher bewundere ich Sie deswegen. Was liegt Ihnen denn so auf der Seele?«

Lee hob die Klappe seiner Jackentasche, nahm einen kleinen schwarzen Gegenstand heraus und reichte ihn Jan. Das Ding war dünn und rechteckig und hatte an einem Rand eine Reihe kleiner Vorsprünge. »Drücken Sie auf den zweiten«, sagte Lee.

Jan kam der Aufforderung nach, woraufhin leise Musik ertönte.

»Ich habe das Ding selbst gemacht, nach eigenen Entwürfen, aber mit Bauteilen aus dem Ersatzteillager. Dazu brauche ich nicht so viele, daß jemand mal etwas merken würde. Anstelle des Bandes verwende ich einen digitalen Gedächtnisspeicher auf Molekularbasis, deshalb kann der Apparat so klein sein. Speichern lassen sich Musik, Bücher, einfach alles. Die Kapazität umfaßt gut tausend Stunden.«

»Sehr gut, aber nicht gerade ein Verbrechen. Seit der erste Mensch die erste Maschine machte, hat es wohl immer wieder Techniker gegeben, die diese und jene Stücke für eigene Zwecke verwendeten. Die verarbeiteten Teile wird wohl niemand vermissen oder sich darüber aufregen, und das Design kann man nur bewundern. Ich glaube nicht, daß man das eine Gesetzesübertretung nennen kann.«

»Aber damit fängt es doch erst an!« Lee nahm den Kasten vom Boden auf und stellte ihn auf den Tisch. Er bestand aus einer hellen Legierung, maschinengeschliffen und von Reihen winziger Nieten zusammengehalten – dem Kästchen sah man an, daß es liebevoll zusammengebaut worden war. Lee betätigte die Kombination und öffnete den Deckel. Dann neigte er das Innere Jan entgegen. Es war angefüllt mit vielen Reihen von Bandkassetten.

»Die stammen von den Männern an Bord der Versorgungsschiffe«, sagte er. »Ich habe meine Recorder dagegen eingetauscht. Sie sind sehr beliebt, und ich bekomme jedesmal mehr dafür. Es gibt da einen Mann, der besorgt mir alles, was ich gebrauchen kann. Ich glaube, das ist illegal.«

Jan lehnte sich zurück und nickte. »Das ist in der Tat gegen das Gesetz, sogar gegen mehr Vorschriften, als Sie sich vorstellen können. Sie sollten zu niemandem darüber sprechen, und wenn man mich jemals danach fragt, weiß ich von nichts. Wenn man das entdeckt, wäre wohl die einfachste Strafe der sofortige Tod.«

»So schlimm steht es!« Lee war noch bleicher geworden. Stocksteif saß er da.

»Ja. Warum erzählen Sie mir das alles?«

»Ich hatte da eine Idee. Aber die ist jetzt unwichtig.« Er stand auf und nahm den Kasten in die Hand. »Ich sollte jetzt lieber gehen.«

»Moment.« Als Jan darüber nachzudenken begann, wußte er sofort, warum der Funktechniker zu ihm gekommen war. »Sie haben Angst, die Bänder zu verlieren, nicht wahr? Wenn Sie sie hierlassen, wird die Hitze sie zerstören. Außerdem überprüfen die Familienvorstände das persönliche Gepäck, was bisher noch nie geschehen ist, und würden wissen wollen, was Sie in dem Kasten haben. Wie soll ich Ihnen aber helfen?«

Lee reagierte nicht, denn die Antwort lag auf der Hand.

»Sie wollten mich bitten, die Bänder für Sie bei meinen Sachen zu verstecken? Ich soll den Tod riskieren wegen dieser illegalen Bänder?«

»Ich wußte ja nicht ...«

»Das dürfte wohl stimmen. Na, setzen Sie sich, wenn Sie so herumstehen, machen Sie mich ganz nervös. Gießen Sie den Tee in den Ausguß, ich gebe Ihnen etwas Besseres zu trinken. Ebenso illegal wie die Bänder, allerdings nicht ganz so strafbar.«

Jan öffnete ein Schränkchen und nahm eine Plastikflasche heraus, in der eine giftig wirkende, durchsichtige Flüssigkeit schwappte. Er füllte zwei Gläser und reichte eines davon Lee.

»Trinken Sie aus – es wird Ihnen gefallen.« Er hob sein Glas und leerte es zur Hälfte. Lee roch mißtrauisch, dann trank er achselzuckend einen großen Schluck. Ruckartig riß er die Augen auf, schaffte es aber, die Flüssigkeit ohne Husten zu schlucken.

»So ... so etwas habe ich noch nie getrunken! Sind Sie sicher, daß das Zeug genießbar ist?«

»Und ob. Sie wissen doch von den Äpfeln, die ich hinter der Werkstatt ziehe? Die kleinen Früchte, die etwa nur daumengroß werden? Sehr süß sind die, und ihr Saft gärt, wenn man die richtige Hefe beigibt. Ich erzeuge daraus einen Apfelwein, der etwa zwölf Prozent Alkohol enthält. Dann stecke ich das Zeug zum Tiefgefrieren und werfe das Eis weg.«

»Raffiniert!«

»Ich muß zugeben, daß die Idee nicht von mir stammt.«

»Aber es ist eine einfache Methode, den Alkohol zu konzentrieren! Wenn man erst mal davon getrunken hat, schmeckt's mit jedem Schluck besser.«

»Das ist auch keine neue Entdeckung. Hier, ich fülle Ihnen nach. Dann können Sie mir ein paar von Ihren Bändern zeigen.«

Lee runzelte die Stirn. »Und wie ist das mit der Todesstrafe?«

»Na, man könnte sagen, mein erster Schrecken ist vorbei. Es war ein Reflex, nichts weiter. Wo die Schiffe spät dran sind – und vielleicht kommen sie ja überhaupt nicht mehr –, warum sollte ich mir da über den Groll der Erde Sorgen machen, die Lichtjahre von hier entfernt ist?« Er ging die Bänder durch und sah sich stirnrunzelnd einige Titel an. »Eigentlich ganz unverfängliche Sachen, für diesen Planeten heiße Ware, aber im Grunde nicht politisch.«

»Was soll das heißen – nicht politisch?«

Jan schenkte wieder nach und starrte in sein Glas. »Sie sind ein Rube«, sagte er. »Ein Hick. Dabei wissen Sie nicht einmal, was diese

Worte bedeuten. Haben Sie mich schon einmal von der Erde erzählen hören?«

»Nein. Aber ich habe mir keine Gedanken darüber gemacht. Außerdem sehen wir ja die aufgezeichneten Shows von der Erde, und ...«

»Hier auf Halvmörk wissen die Leute überhaupt nichts von der Erde. Halvmörk ist ein Sackgassen-Planet, ein planetengroßes Konzentrationslager im Nirgendwo, das keine Entwicklung kennt, kein Ziel. Zwangsweise besiedelt, vermutlich mit politischen Gefangenen. Egal, es steht irgendwo in den Unterlagen. Eine landwirtschaftliche Produktionsmaschine, besetzt mit dummen Bauern, darauf angelegt, bei geringstem Einsatz einen Maximalgewinn zu erwirtschaften, indem Nahrung für die anderen Planeten geliefert wird. Die Erde – die sieht ganz anders aus. Die Elite ist oben, die Prols sind unten, und alle dazwischen stehenden Leute haben ihren Platz wie Stecker an einem Kontrollbrett. Niemand ist mit der Situation wirklich zufrieden, außer vielleicht die Leute an der Spitze –, aber sie verfügen über die Macht und lassen die Dinge einfach weiterlaufen – ewig. Eine Falle ist das. Ein Morast. Ohne Ausweg. Ich bin da rausgekommen, weil ich nur eine Wahl hatte: Halvmörk – oder der Tod. Und mehr werde ich Ihnen darüber nicht sagen. Lassen Sie mir die Bänder hier. Ich kümmere mich für Sie darum. Und warum sollten wir uns um etwas so Triviales wie Aufzeichnungen Sorgen machen, zum Teufel?« In plötzlichem Zorn knallte er das Glas auf den Tisch.

»Irgend etwas geht da draußen vor – und ich weiß nicht, was es ist. Die Schiffe waren bisher immer pünktlich. Diesmal aber nicht. Vielleicht kommen sie überhaupt nicht. Aber wenn sie auftauchen, werden wir das Getreide haben, das sie so dringend brauchen ... Und wir kriegen dafür die Dinge, die wir dringend brauchen.«

Müdigkeit und Alkohol machten ihm zu schaffen. Er leerte sein Glas und winkte Lee zur Tür. Ehe er sie aufmachte, drehte sich Lee noch einmal zu ihm um.

»Sie haben mir heute abend nichts gesagt«, meinte er.

»Und ich habe keine Bänder gesehen. Gute Nacht.«

Jan wußte, daß volle drei Stunden vergangen waren; trotzdem hatte er das Gefühl, als wecke ihn der Summer wenige Sekunden, nachdem er den Kopf aufs Kissen gelegt hatte. Er wischte sich die verkrusteten Augen aus und spürte einen unangenehm sauren Geschmack im Mund. Es würde ein langer Tag werden. Während das Teewasser kochte, schüttelte er zwei Stims aus dem Fläschchen, betrachtete sie und fügte eine dritte hinzu. Ein sehr langer Tag.

Ehe er den Tee ausgetrunken hatte, klopfte es energisch an die Tür. Sie flog auf, bevor er selbst öffnen konnte. Einer der Chuns – er hatte den Namen vergessen – steckte den Kopf durch den Spalt.

»Das Getreide ist verladen. Bis auf diesen Wagen. Wie Sie gesagt haben.« Schweißfurchen zogen sich durch den Schmutz auf seinem Gesicht, und er sah so müde aus, wie Jan zumute war.

»In Ordnung. Geben Sie mir zehn Minuten. Sie können schon mit dem Ausschweißen der Luken beginnen.«

Lees ungesetzliche Bänder waren bereits bei den Werkzeugen und sicher versiegelt. Kleidung und persönliche Dinge, die er brauchte, hatte Jan in einen Beutel getan. Während er das Teegeschirr abwusch und in seinen Schranknischen rutschfest unterbrachte, strömte plötzlich rötliches Licht von der Decke herab. Der Punkt wurde zu einer Linie und begann einen Kreis ins Metall zu schneiden. Als er Bett, Tisch und Stühle zur Vordertür hinausschob, war der Kreis komplett, und die Metallscheibe stürzte laut hallend herab und grub eine tiefe Furche in den Plastikboden. Jan warf sich den Rucksack über die Schulter und verließ das Gebäude. Sorgfältig verschloß er die Tür.

Sein Werkzeugwagen wurde als letzter umgeladen. Es sah aus, als geschähe alles gleichzeitig. Eine dicke Röhre schlängelte sich vom nächsten Silo herbei und wurde an der Flanke des Wagens hochgehievt. Der Mann auf dem Dach rief etwas und winkte, und der Schlauch begann zu zucken, als der Strom sich zu ergießen begann. Das Gebilde bäumte sich in der Hand des Mannes auf, und goldener Regen prasselte auf Jan herab, ehe sich der Mann dagegenstemmte und den Strom durch das frisch geschnittene Loch in den Wagen richtete. Jan klaubte sich ein Korn von der Schulter – lang wie sein Mittelfinger und schrumpelig von der Vakuum-

Dehydrierung. Ein wundersames Nahrungsmittel mit verblüffenden Eigenschaften, Produkt der Laboratorien, reich an Protein, Vitaminen, Nährwerten. Dieses Korn ließ sich zu Kindergerichten verarbeiten wie auch zur Nahrung für ausgewachsene, normale Erwachsene und zu Brei für Greise – und stets enthielt es die Nährfaktoren, die ein Mensch brauchte. Das vollkommene Getreide. Für wirtschaftlich arbeitende Sklaven. Jan steckte das Ding in den Mund und kaute auf dem harten Gebilde herum. Der einzige Nachteil bestand darin, daß das Korn kaum einen Geschmack hatte.

Metall ächzte, als die Eckheber den Wagen aus dem Betonfundament lösten. Schon krochen Männer in die darunterliegende schwarze Grube und stolperten fluchend in der Dunkelheit herum. Sie ließen die Räder herab und rasteten sie in der richtigen Stellung ein. Viele Dinge geschahen gleichzeitig. Sie kletterten gerade die Rampe am Ende hervor, als der Zugpanzer rückwärts herangefahren wurde. Während die Verbindung geschlossen wurde, ließ der Kornverlader auf dem Dach die Pumpe stoppen. Die Arbeit war so gut koordiniert, daß die Männer, die die frisch geschnittenen Öffnungen mit Plastikabdeckungen versahen, schon von der anfahrenden Maschine mitgenommen wurden, wogegen sie laut protestierten, während das Fahrzeug langsam über die Rampe aus seiner Position gezogen wurde. Als es auf Straßenhöhe stand, wurden die Bremsen angezogen, und die Techniker krochen unter dem riesigen Fahrzeug herum, um die Reifen zu überprüfen, die vier Jahre lang unsichtbar gewesen waren.

Während Jan schlief, wurden die Züge zusammengestellt. Er erlebte diese Völkerwanderung erst zum drittenmal mit und war davon beeindruckt wie am ersten Tag. Die eingeborenen Halvmörker sahen darin nichts Ungewöhnliches mehr, wenngleich sie auf die Veränderung ihres Tagesablaufs mit Aufregung reagierten. Der große Treck war für Jan ebenso aufregend, vielleicht sogar noch mehr, da er die Vielfalt und neuen Eindrücke zahlreicher Reisen auf der Erde gekannt hatte. Hier war jede Abwendung von der Langeweile und Wiederholung des Tagesablaufs eine Erleichterung. Besonders angesichts der überraschenden Veränderungen in der physikalischen Welt, die er seit seinem Eintreffen allmählich akzeptierte. Vor wenigen Tagen hatte hier noch eine lebenspralle Stadt gestanden, umgeben von Ackerland, das sich bis zum Horizont und weiter erstreckte. Jetzt war alles anders. Die zahlreichen Transportmittel und Maschinen waren in den riesigen Silos eingeschlossen, deren Tore versiegelt waren. Aus den Kuppelgebäuden war die Luft gepumpt worden, die Planen hatte man gut verstaut. Die anderen Gebäude, die fahrbaren Bauten hatten sich völlig verändert. Sie waren nicht mehr bodenverbunden, sondern hatten sich auf Reihen massiver Räder erhoben und waren zu gleich langen Kolonnen zusammengestellt worden, zusammen mit den Bauerngebäuden, die man aus dem Umland hereingeschleppt hatte. Wo sich die Stadt erstreckt hatte, standen nur noch Fundamente, als sei der Ort von einer unglaublichen Explosion ausgelöscht worden.

Auf dem breiten Mittelweg stand eine Doppelreihe von Schleppzügen. Die Gebäude, die als Unterkünfte und Läden so unterschiedlich ausgesehen hatte, erweitert durch Vorzelte und Treppen und Blumen, erwiesen sich jetzt alle als Kästen von gleicher Form und Größe. Als Wagen in einem langen Zug, einheitlich aussehend und aneinandergekoppelt. Zwölf Wagen pro Zug, jeder Zug von einem Schlepper gezogen, einer unglaublichen Maschine.

Groß. Zuweilen zweifelte Jan auch heute noch daran, daß ein Kraftwerk dieser Größe sich tatsächlich bewegen konnte. Und es handelte sich wirklich um Kraftwerke in der Zeit, in der sie nicht auf der Straße waren. Aufgebockt und unverrückbar, erzeugten ihre Atomgeneratoren die Elektrizität, die die Stadt und die Höfe brauchten, und warteten geduldig auf die Rückverwandlung in die Zugmaschinen, die sie im Grunde waren.

Groß. Zehnmal größer als der größte Lkw, den Jan vor seinem Eintreffen auf diesem Planeten gesehen hatte. Im Vorbeigehen schlug er einer Maschine gegen den Reifen, fest und hart, die Oberkante so hoch über seinem Kopf, daß er nicht hinauflangen konnte. Schraubenköpfe so groß wie Suppenteller. Zwei bewegliche Räder vorn, vier Antriebsräder hinten. Hinter den Vorderrädern die Sprossenleiter, die in die Fahrerkabine hinaufführte. Fünfzehn Sprossen auf dem golden schimmernden Metall der kompakt vernieteten Außenhaut des riesigen Monstrums. Vorn die Batterie der Scheinwerfer, hell genug, um einen Menschen zu blenden, der so dumm war, den Blick darauf zu richten. Die Fahrerkabine funkelte gläsern. Von unten nicht zu sehen, befanden sich ganz oben die Reihen der Röhren und Flossen, mit deren Hilfe der Nuklearantrieb gekühlt wurde. Maschinen, die groß genug waren, um eine kleine Stadt mit Strom zu versorgen. Jan konnte nicht anders, er mußte im Vorbeigehen die Faust gegen das harte Metall dröhnen lassen. Es war schon ein tolles Gefühl, einen solchen Schlepper zu lenken.

Iwan Semenow erwartete ihn am vorderen Zug.

»Fahren Sie Maschine eins?« fragte er.

»Das ist Ihre Aufgabe, Iwan, die verantwortungsvollste Position. Dieser Sitz gehört dem Zugmeister.«

Iwans Lächeln wirkte ein wenig gequält. »Wie immer die Titel lauten, Jan, ich glaube, wir alle wissen, wer auf dieser Fahrt der Zugmeister ist. Die Leute reden schon. Nachdem die Arbeit nun getan ist, meinen viele, daß Sie recht hatten. Sie wissen, wer hier das Kommando führt. Und Hein hat nur wenige Freunde. Er liegt im Bett, kratzt sich unter dem Verband und will mit niemandem sprechen. Die Leute gehen an seinem Wagen vorbei und lachen.«

»Tut mir leid, daß ich so reagiert habe. Aber ich bin noch immer überzeugt, daß es die einzige Möglichkeit war.«

»Vielleicht haben Sie recht. Jedenfalls wissen alle, wer die Oberleitung hat. Sie übernehmen also Maschine eins.«

Er machte auf dem Absatz kehrt und maschierte davon, ehe Jan etwas sagen konnte.

Maschine eins. Die Verantwortung war nicht zu groß für Jan. Trotzdem fühlte er Erregung. Nicht nur, weil er eine dieser mächtigen Maschinen steuern durfte – sondern weil er den ersten Zug anführen würde. Unwillkürlich lächelte Jan vor sich hin, als er an den Zügen entlang zum ersten Gespann vorging. Zur ersten Maschine.

Die dicke Tür zum Maschinenraum stand offen, und er sah, wie sich der Techniker über die Schmierkontrollen beugte. »Verstauen Sie das«, sagte er und warf seinen Beutel durch das Luk. Ohne Antwort abzuwarten, packte er die Sprossenleiter und zog sich zur ersten Sprosse hoch. Nach links erstreckte sich die leere

Straße, umgeben vom öden Ackerland, und je höher er stieg, desto weiter konnte er das Band der Straße überschauen. Hinter ihm die wartende Doppelreihe der Züge. Er zog sich durch das Luk in die Fahrerkabine. Der Beifahrer saß auf seinem Sitz und ging die Checkliste durch. In der anschließenden Kabine saß der Kommunikationsoffizier vor seinen Wandgeräten.

Nach vorn das breite Fenster mit Panzerglas, darüber eine Reihe Fernsehschirme. Unterhalb endlose Reihen von Instrumenten und Anzeigen, die Informationen über die Maschine und den von ihr geschleppten Zug vermittelten, und über die nachfolgenden Züge.

Vor den Kontrollen der leere Stuhl, Stahlrohrgerüst mit Sitzpolster und Rücken- und Kopflehne. Davor das Steuerrad und die Kontrollen. Jan ließ sich langsam hineingleiten und spürte die Kraft an seinem Rücken. Leicht stellte er die Füße auf die Pedale, hob die Hände und umfaßte das kühle Rund des Rades.

»Checkliste Anfang«, sagte er. »Alles bereit zum Start.«

5

Eine frustrierende Stunde nach der anderen verging. Obwohl die Züge verkoppelt waren und bereit zu sein schienen, die Fahrt anzutreten, gab es noch Hunderte von kleinen Problemen, die aus der Welt geräumt werden mußten, ehe das Startsignal gegeben werden konnte. Jans Laune sank, und seine Stimme wurde heiser, so oft mußte er ins Funkmikrofon brüllen, bis er schließlich den Kopfhörer wieder in die Halterung knallte und losmarschierte, um sich einen unmittelbaren Eindruck von dem aufgetretenen Problem zu verschaffen. In einer Vertiefung hinten an der Maschine war ein Motorrad mit breiten Rädern angebracht. Er löste es aus den Klampen und unterbrach die Verbindung zur Batterie – dann mußte er feststellen, daß beide Reifen platt waren. Verfluchte Sauerei! Wer immer hier hätte aufpassen sollen, hatte geschlafen! Es gab eine neue Verzögerung, während Eino, der Techniker, einen Zylinder mit Preßluft anschleppte und die Reifen füllte. Als Jan endlich in den Sattel stieg, hatte er das Vergnügen, den Volthebel auf voll zu drehen und die Reifen auf der Straßenfläche kreischen zu hören.

Als Wartungs-Captain war es Jans Aufgabe, alle Maschinen in gutem Zustand zu erhalten, bereit für diesen Tag. Physisch war das eine Aufgabe, die er allein nicht erledigen konnte, und so mußte er sich darauf verlassen, daß andere seine Befehle richtig ausführten. Oft war das nicht geschehen. Die zahlreichen Verbindungsstecker an den dicken Kabeln, die die Wagen aneinanderschlossen, hätten ausnahmslos mit wasserdichten Deckeln versiegelt sein müssen. Bei vielen war das übersehen worden, so daß viele Kontakte nicht blank, sondern mit einer Korrosionsschicht überzogen waren und gut die Hälfte aller Schaltungen ohne Strom blieb. Nachdem er persönlich unter zahlreiche Wagen gekrochen war, gab er allen Zügen den Befehl, sämtliche Verbindungen wieder zu lösen und mit Hand-Sandstrahlgebläsen zu reinigen. Dies verzögerte die Abfahrt um eine weitere Stunde.

Es gab Probleme mit der Steuerung. Die Führungsräder jedes Wagens ließen sich drehen; sie wurden durch Servo-Elektromotoren angetrieben. Diese Räder wurden in jedem Zug von einem Computer gesteuert, so daß jeder nachfolgende Wagen genauso drehte wie die Zugmaschine, eine präzise Bewegung, als befände sich die ganze Kolonne auf Schienen. In der Theorie war das sehr gut, die Praxis aber sah mit verbrauchten Bürsten und blockierenden Getrieben anders aus. Wertvolle Zeit verging.

Es gab darüber hinaus persönliche Schwierigkeiten. Immerhin mußte jeder mit einem Bruchteil des Platzes auskommen, der auf diesen Fahrten normalerweise zur Verfügung stand. Jan hörte sich die Beschwerden mit einem Ohr an, nickte und verwies alle Probleme an die Familienvorstände. Die sollten zur Abwechslung auch einmal nützliche Arbeit verrichten. Die Problemstellen spürte er eine nach der anderen auf und sorgte dafür, daß sie beseitigt wurden. Das letzte Hindernis war ein verlorengegangenes Kind, das er selbst entdeckte: er sah eine Bewegung in einem nahen Kornfeld. Er raste mit dem Motorrad hinein und brachte das fröhliche Kind, das vor ihm auf der Maschine saß, der weinenden Mutter zurück.

Erschöpft, doch mit einem Gefühl der Zufriedenheit, fuhr er schließlich zwischen der Doppelreihe der Züge nach vorn. Die Türen waren bereits versiegelt, und als einziges waren noch die

Gesichter einiger Neugieriger hinter den Fenstern zu sehen. Sein Techniker Eino hielt sich bereit, das Motorrad zu verstauen, während er wieder in die Fahrerkabine hinaufkletterte.

»Checklist für Abfahrt erledigt«, meldete der Beifahrer. Otakar war so tüchtig wie die Maschine, über die er gebot. »Verfügbare Antriebsenergie voll da, alle Systeme einwandfrei.«

»Schön. Besorgen Sie die Bereitschaftsmeldungen der anderen Züge.«

Während Jan den Schalter umlegte und seine Fahrer-Checkliste durchging, hörte er die Berichte der anderen Züge im Kopfhörer mit. Es gab ein Problem bei Dreizehn, ein rotes Licht auf den Sicherheitsschaltungen, das sich als Instrumentenfehler erwies. Leicht zu beheben. Einer nach dem anderen meldeten die Züge sich startbereit.

»Alle Züge fertig, alle Fahrer bereit«, sagte Otakar.

»Gut. Kommunikation – geben Sie mir eine Verbindung zu allen Fahrern.«

»Durch«, meldete Hyzo, der Kommunikationsoffizier.

»An alle Fahrer.« Bei diesen Worten durchlief Jan ein Gefühl, das stärker war als alles vorher Erlebte. Bergsteigen, Segeln, die Liebe – dies alles hatte ihm Augenblicke reiner Freude gebracht, Emotionen, die wunderbar und unbeschreiblich zugleich waren. Nur Rauschgift hatte ihn bisher so empfinden lassen, Mittel, die er nicht mehr einnahm, weil sie ein leichter Genuß waren, etwas, das jeder kaufen und mit ihm teilen konnte. Dies aber konnte niemand mit ihm teilen, denn er war allein. Herrscher über alles. Ganz oben. Seine Macht war größer als je zuvor auf der Erde. Er hatte schon Verantwortung getragen, mehr als genug Verantwortung – doch niemals soviel. Ganz vorn, in der ersten Maschine, und die Bevölkerung einer ganzen Welt wartete auf seine Entscheidungen.

Er führte das Kommando.

Der mächtige Leib der Maschine ringsum summte leise unter der gebändigten Kraft des nuklearen Antriebs. Schwere Kupplungen und ein Gewirr von Kabeln verband sie mit dem nachfolgenden Wagen und den anderen, die den Zug bildeten. Dann kamen die anderen Zugmaschinen und ihre Züge, angefüllt mit den Produkten dieser Planeten und allen seinen Bewohnern. Abgesehen von den Wartungsmannschaften und den Voraustruppen in den Räumpanzern wartete jeder auf sein Kommando. Er spürte die plötzliche Feuchtigkeit in seinen Handflächen und legte die Hände energisch um das harte Steuerrad. Der Augenblick verging, und er hatte sich wieder in der Gewalt.

»An alle Fahrer.« Jans Stimme klang ruhig und sachlich wie immer. Seine Gefühle gingen nur ihn etwas an. »Wir fahren an. Stellen Sie Entfernungs-Radar auf einen Kilometer. Keine Abweichungen über 1100 Meter oder unter 900 Meter statthaft. Stellen Sie die automatischen Bremskontrollen auf 950 Meter ein. Wenn – aus welchem Grund auch immer – ein Zug weniger als 900 Meter, und damit meine ich 899 und weniger, zum Vordermann aufrückt wird der Fahrer ausgewechselt. Ausnahmen gibt es nicht. Minimumbeschleunigung beim Start – beobachten Sie die Belastungsanzeigen der Kupplungen. Wir führen mindestens zweimal soviel Gewicht wie normal und hätten keine Mühe, die Kupplungen wie faule Zähne herauszuziehen, wenn wir nicht aufpassen. Wir werden ein neues Manöver anwenden, und das soll für jeden kommenden Start gelten. Beifahrer tragen dies bitte in die Checklisten ein. Fertig zum Mitschreiben:

Erstens: Alle Wagenbremsen lösen.

Zweitens: Bremsen des letzten Wagens anziehen.

Drittens: Rückwärtsgang einlegen.

Viertens: Rückwärtsfahrt Minimumgeschwindigkeit für fünf Sekunden.«

Es handelte sich dabei um einen Trick, den er in seiner Kadettenzeit gelernt hatte, als er die Einschienenfrachter unter der Stadt warten mußte. Das Zusammenschieben des Zuges nahm das Spiel aus den Kupplungen. Wenn dann der Zug anfuhr, mußte nicht das gesamte Gewicht des Zuges auf einmal in Bewegung gesetzt werden, sondern nur Stück um Stück, wie sich die Kupplungen wieder dehnten. Auf diese Weise half die Trägheit beim Anfahren und behinderte nicht, da das Gewicht der bereits fahrenden Wagen benutzt wurde, um die noch ruhenden Zugteile in Gang zu bringen.

Mit der Handkante stellte Jan das Getriebe auf rückwärts und den Geschwindigkeitsregler in die erste Kerbe. Alle Zugbremsen waren offen, nur das rote Licht von Wagen zwölf leuchtete. Als er mit dem linken Fuß das Gaspedal drückte, spürte er die Beschleunigung im Getriebe und ein mächtiges Beben durch den Boden der Kabine. Die Belastungsanzeige für die Kupplungen fiel auf Null und dann ins Negative. Wagen zwölf meldete blinkend ›Rutsch‹, bis er bei der Digitalanzeige *fünf* den Antrieb stoppte.

»Fertigmachen zum Anfahren«, sagte er und zog den Ganghebel auf Low. »Zweite Zugreihe hält Position, bis der letzte Zug der ersten Kolonne vorbei ist. Dann Position dahinter einnehmen. Alle Kontrollen auf Handbedienung, bis anderweitiger Befehl kommt. Erster Halt in neunzehn Stunden. Letzter Halt in Südstadt. Wir sehen uns dort wieder!«

Fest nahm er das Rad in beide Hände und stemmte den Fuß auf das Antriebspedal. »Anfahrt!«

Langsam drückte er zu, und die Maschine drehte an. Als die richtige Geschwindigkeit erreicht war, rastete das hydraulische Getriebe ein, und die Drehung übertrug sich auf die Antriebsräder. Sie begannen sich zu regen, und die Maschine setzte sich in Fahrt, und Wagen um Wagen wurde hinter ihr in Gang gebracht, bis der ganze riesige Zug angerollt war. Die erste Maschine der zweiten Kolonne blieb links zurück, so daß sich vor Jan nur die Leere der Straße erstreckte. Die Rückkamera, die auf dem Dach der Zugmaschine angebracht war, zeigte den folgenden Zug. Der Schirm daneben, mit der Kamera auf dem letzten Wagen verbunden, zeigte, daß Maschine zwei sich im vorgeschriebenen Abstand einreihte. Die Belastungsanzeigen lagen gut im Grün. Maschinen- und Straßengeschwindigkeit wurden langsam zur Obergrenze des unteren Bereichs gefahren und dann in die mittlere Zone gewechselt.

»Alles grün«, meldete Oskar. Er hatte die Anzeigen vom Platz des Beifahrers aus im Auge behalten. Jan nickte und drehte das Steuer nach links, dann richtete er es wieder auf die Mitte aus, um die Drehung zu halten. Im Gegensatz zu den kleineren Bodenwagen wurde die motorengetriebene Steuerung durch eine Verschiebung des Steuerrads ausgelöst und durch Rücknahme in die Mittelposition arretiert. Anschließend drehte Jan das Steuerrad nach rechts, um die Räder wieder auszurichten, genau über der

Festino -82-

Kontrolleitung unter der Fahrbahn. Die nachfolgenden Zugwagen wendeten auf gleiche Weise an derselben Stelle, wie ein Einschienen-Zug auf einer Weiche.

Jan beließ die Geschwindigkeit im oberen mittleren Bereich, bis alle Züge in Fahrt waren, jeweils einen Kilometer voneinander entfernt. Die Stadtfundamente und das Ackerland waren hinter ihnen verschwunden, ehe der letzte Zug angefahren war. Erst jetzt beschleunigte Jan auf die höchste Straßengeschwindigkeit. Die Reifen summten, die Straße raste auf ihn zu, die eintönige Sandwüste huschte auf beiden Seiten vorbei. Er lenkte die Maschine, den Zug, alle Züge, die Straße entlang, nach Süden, dem anderen Kontinent entgegen, Südstadt, das noch 27 000 Kilometer entfernt war.

Eine der wenigen auffälligen Landmarken in diesem Teil der Wüste tauchte als Punkt am Horizont auf und wuchs langsam an. Eine schwarze Felsnadel, die wie ein dunkler Finger zum Himmel zeigte. Das Gebilde ragte von einem massigen Felsrücken auf, um den die Straße in weitem Bogen herumführte. Beim Vorbeifahren ließ sich Jan eine Verbindung zu allen Fahrern schalten.

»Der Nadelfelsen erscheint links. Darauf achten. Beim Vorbeifahren können Sie auf Autopilot gehen.«

Im Sprechen stellte er die Kontrollen ein. Er gab mit der linken Hand Maximal- und Minimum-Geschwindigkeiten ein, ebenso die Höchst- und Niedrigstwerte für die Beschleunigung und Bremsung. Der gegliederte Schirm am Autopiloten zeigte ihm an, daß er genau über dem Leitkabel fuhr. Er betätigte den Aktivierungsschalter und lehnte sich zurück. Er merkte, daß er verspannt war von der Anstrengung, und knetete seine Finger.

»Ein guter Start«, sagte Otakar, ohne den Blick von seinen Instrumenten zu nehmen. »Das verheißt eine gute Fahrt.«

»Hoffentlich haben Sie recht. Übernehmen Sie mal, während ich mir die Beine vertrete.«

Otakar nickte und glitt auf den Fahrersitz, als Jan aufgestanden war. Seine Gelenke knackten, als er die Arme bewegte und zur hinteren Kabine ging, um dem Kommunikationsoffizier über die Schulter zu blicken.

»Hyzo«, sagte er, »ich hätte gern einen ...«

»Ich habe hier ein Rot!« meldete Otakar plötzlich.

Jan fuhr herum und hastete zu seinem Beifahrer zurück. Ein rotes Licht blinkte inmitten der grünen Reihen, gleich darauf folgten ein zweites und ein drittes.

»Bremstrommeltemperatur an Wagen sieben und acht. Was soll das heißen, zum Teufel? Alle Bremsen sind offen!« Jan murmelte aufgebracht vor sich hin. Die Dinge waren zu gut gelaufen. Er beugte sich vor, um den Readout-Knopf zu drücken. Ziffern erschienen auf dem Bildschirm. An beiden Wagen zwanzig Grad Überhitzung – und die Temperatur stieg weiter.

Er dachte hastig nach. Anhalten und nachschauen? Nein, das bedeutete, daß die gesamte Zugkette stoppen und wieder anfahren mußte. Sie mußten noch mindestens dreihundert Kilometer Wüstenstraße zurücklegen, ehe sie die ersten Berge erreichten, und bis dahin brauchten sie keine Bremsen.

»Die Bremskreise beider Wagen ausschalten. Mal sehen, was passiert«, sagte er.

Otakar betätigte die Hebel, als Jan noch gar nicht zu Ende gesprochen hatte. Jetzt hatten die beiden Wagen keine funktionsfähigen Bremsen mehr, doch mit der Ausschaltung hätten die Sicherheitsschaltungen desaktiviert sein müssen. Und das traf zu. Die Temperatur in den Bremstrommeln fiel langsam, bis die roten Lichter nacheinander erloschen.

»Bleiben Sie am Ruder«, sagte Jan. »Ich will mal sehen, ob ich herausbekomme, was da eigentlich vorgeht.« Er ging nach hinten und öffnete das Luk, das in den Maschinenraum hinabführte. »Eino!« rief er durch die Öffnung.« Geben Sie mir die Zeichnungen und Handbücher für die Bremsschaltungen der Wagen herauf. Wir haben da ein Problem.«

Jan hatte selbst schon Wartungsarbeiten an den Bremssystemen durchgeführt, wie schon an allen Maschinenteilen, doch bisher hatte er eine solche Anlage noch nicht auseinandernehmen und wieder reparieren müssen. Wie alle Maschinen, die auf Halvmörk im Einsatz waren, hatte man die Bremsen für die Ewigkeit entworfen – oder jedenfalls für einen Zeitraum, der diesem Ideal möglichst nahe kam. Wo Ersatzteillieferungen sehr ungewiß waren, war ein robustes Design erforderlich. Alle Bauteile waren simpel gehalten und solide gefertigt. Die Schmierung erfolgte automatisch. Die Anlagen waren so angelegt, daß sie bei normalem Betrieb nicht versagen konnten und es in der Praxis auch selten taten.

»Sind das die richtigen?« fragte Eino und erschien in der Öffnung wie ein Tier, das seinen Käfig verlassen will. Er hielt Rißzeichnungen und ein Bedienungshandbuch hoch.

»Breiten Sie sie auf dem Tisch aus, wir schauen uns das einmal an«, sagte Jan.

Die Diagramme zeigten jedes Detail. Die Wagen besaßen zwei getrennte Bremssysteme, und jedes hatte eine eigene Sicherheitsschaltung. Im Normalfall wurde das Bremsen durch den Computer elektronisch gesteuert. Wenn der Fahrer die Bremse betätigte, zogen die Bremsen aller Wagen gleichzeitig und im gleichen Maße an. Die Bremsen selbst waren hydraulisch, der Druck stammte aus Reservoirs, gespeist von Pumpen, die von der Achsdrehung der Wagen betätigt wurden. Durch starke Federn wurden sie normalerweise in der *Offen*-Position gehalten. Die elektronischen Kontrollen öffneten die Druckventile, die die Bremsen nach Bedarf andrückten. Das war Alpha, das aktive Bremssystem. Beta, der passive Bremskreis, war nur für Notfälle gedacht. Diese völlig getrennten Bremsen wurden von den Federn in der Bremsposition gehalten, bis die elektrische Spannung eingegeben wurde. Wenn dies geschah, zogen kräftige Magnete die Bremsbacken auf. Jede Unterbrechung in den Stromkreisen, beispielsweise durch ein versehentliches Entkuppeln der Wagen, brachte diese Bremsen sofort in Aktion.

»Jan, zwei andere Züge bitten um Rat«, meldete Hyzo. »Hört sich nach denselben Schwierigkeiten an, Temperaturanstieg in den Bremsen.«

»Sagen Sie den Leuten, sie sollen tun, was wir getan haben. Unterbrechung der Stromzuführung zum Alpha-System. Ich melde mich, sobald ich den Fehler aufgespürt habe.« Mit dem Finger folgte er den auf dem Plan eingezeichneten Leitungen. »Es *muß* am Alpha-Bremssystem liegen. Die Notbremsen sind weder voll ein- noch voll ausgeschaltet – und wenn sie angezogen wären, wüßten wir das.«

»Elektronik oder Hydraulik?« fragte der Techniker.

»Mein Gefühl sagt mir, daß es die Elektronik nicht sein kann. Der Computer überwacht diese Schaltungen lückenlos. Wenn es dort irgendwo ein unerlaubtes Bremse-zu-Signal gäbe, würde die Steuerung dagegen angehen, und wenn es nicht unterbrochen werden könnte, würde der Computer auf jeden Fall Meldung machen. Versuchen wir es zunächst mit der Hydraulik. Wir haben hier Druck in unseren Bremszylindern. Und den bekommen wir nur, wenn dieses Ventil leicht geöffnet ist ...«

»Oder wenn es von irgend etwas blockiert wird, so daß es sich nicht voll schließen kann.«

»Eino, Sie sind ja Gedankenleser! Und die Blockade könnte auf gewöhnlichen Dreck zurückzuführen sein. Der Filter in dieser Leitung muß nach jeder Fahrt gereinigt werden. Ein unangenehmer Job, für den man unter den Wagen herumkriechen muß. Eine Arbeit, die ich einem gewissen Techniker namens Decio übertragen habe – das ist jetzt einige Jahre her. Der Mann war aber so unfähig, daß ich ihn schließlich auf die Farm zurückversetzen mußte. Wenn wir halten, nehmen wir einen Filter heraus und schauen uns die Sache an.«

Eino rieb sich mit schwieliger Hand das Kinn. »Wenn der Ärger da zu suchen ist, müssen wir jedes defekte Bremssystem leeren, um die Ventile zum Reinigen herauszuholen.«

»Das wird nicht nötig sein. Wenn die Leitung unterbrochen wird« – er deutete auf die Zeichnung –, »schließen sich hier und hier Notventile. Wir verlieren also nicht viel Flüssigkeit. Wir haben Kontrollventile im Ersatzteillager. Wir ersetzen die ersten Ventile durch neue, lassen die alten unterdessen schon reinigen und wechseln sie so reihum aus. Am ersten Tag haben wir noch keine großen Steigungen zu bewältigen, da können wir an den paar Waagen ohne weiteres die Bremsen desaktivieren.«

»Jan!« rief der Beifahrer. »Die Berge sind in Sicht. Bald muß der Tunnel kommen. Sie wollen sicher wieder übernehmen.«

»Richtig so. Lassen Sie die Pläne liegen, Eino, und kümmern Sie sich wieder um Ihre Maschine. Wir kommen bald in die Berge.«

Jan kehrte auf den Fahrersitz zurück und machte weiter vorn die Kette der spitzen Berggipfel aus, die sich zu beiden Seiten ohne

Lücke erstreckte. Es war das Gebirge, das den inneren Teil des Kontinents zur Wüste machte, das Stürme und Niederschläge abblockte. Wenn sie die Berge hinter sich hatten, würde sich das Wetter lebhafter gestalten. Am Fuß der Vorberge begann die Straße anzusteigen. Jan beschränkte den Autopiloten auf das Steuern und nahm die anderen Funktionen auf manuell. Als die Straße steiler wurde, zog er den Geschwindigkeitshebel zurück und stellte das Getriebe in den mittleren Bereich. Deutlich stieg die Straße nun an – einer dunklen Tunnelöffnung entgegen. Er schaltete das Mikrofon ein: »An alle Fahrer. In wenigen Minuten sind wir am Tunnel. Scheinwerfer ein, sobald die Einfahrt in Sicht ist.«

Im gleichen Augenblick schaltete er das Licht ein, und weiter vorn zeichnete sich die Straße in greller Klarheit ab.

Die Techniker, die die Straße vor Jahrhunderten gebaut hatten, konnten mit beinahe unbeschränkter Energie arbeiten. Sie waren in der Lage, Inseln aus dem Meer steigen zu lassen – oder sie unter die Wasseroberfläche zu drücken, sie konnten Berge einebnen und kompaktes Gestein zusammenschmelzen. Für sie war es am einfachsten gewesen, die Bergkette einfach zu durchbohren. Auf diese Leistung waren sie stolz, dokumentiert durch das einzige Ornament oder nicht-funktionelle Element der gesamten Straßenanlage, das sich über dem Tunneleingang befand. Jans Blick fiel auf das Symbol, das über der schwarz-gähnenden Öffnung ins Gestein geschnitten war. Ein hundert Meter hoher Schild. Die Scheinwerfer richteten sich darauf, als die Straße auf der letzten Strecke vor dem Tunnel gerade wurde. Ein Schild mit einem Zeichen darauf, das so alt sein mußte wie die Menschheit: eine Hand, die einen kurzen, gedrungenen Hammer hielt. Ein ganz klares Zeichen, das immer größer wurde, bis es nach oben verschwand und sie im Inneren des Tunnels waren.

Rauhe Steinwände zuckten vorbei, grau und leer. Der Tunnel war eintönig bis auf einen gelegentlichen Wasserlauf, der die Straße überquerte. Jan beobachtete die Geschwindigkeitsanzeiger und überließ dem Autopiloten die Steuerung. Fast eine halbe Stunde verging, ehe weiter vorn ein winziges Licht erschien und zu einer Scheibe anwuchs, dann zu einem riesigen, brennenden Tor.

Sie waren nun schon tief genug in den Süden gefahren und hoch genug gestiegen, um auf der Tagseite zu sein.

Die mächtige Maschine raste aus dem Tunnel in blendendes Sonnenlicht. Automatisch dunkelte sich die Windschutzscheibe ab. Beta Auriga war blauweiß und grell, obwohl der Zug sich noch im hohen Norden befand. Im nächsten Augenblick erschienen Wolken vor der Helligkeit, und schon prasselte heftiger Regen auf den Zug herab. Jan aktivierte die Scheibenwischer und schaltete den Frontradar ein. Die Straße war frei. Das Unwetter war so schnell vorüber, wie es begonnen hatte, und während die Straße sich von den Bergen herabwand, vermochte er zum erstenmal den hellgrünen Dschungel auszumachen und dahinter das Blau des Ozeans.

»Ein prächtiger Anblick«, sagte Jan und merkte erst danach, daß er die Worte laut geäußert hatte.

»Er bringt uns nur Ärger. Mir ist die Fahrerei im Binnenland lieber«, sagte sein Kopilot.

»Sie sind eine Maschine ohne Seele, Otakar. Macht Ihnen die dämmerige Monotonie nicht zuweilen zu schaffen?«

»Nein.«

»Nachricht von der Straßenmannschaft«, rief Hyzo. »Die Männer haben da ein Problem.«

Otakar nickte düster. »Ich hab's doch gesagt – es gibt Ärger.«

6

»Was ist los?« fragte Jan ins Mikrofon.

»Hier Lajos. Bis jetzt hat's keine großen Probleme beim Räumen gegeben. Aber hier muß ein Erdbeben stattgefunden haben, mindestens vor zwei Jahren. Etwa hundert Meter Straße fehlen.«

»Können Sie das Loch nicht auffüllen?«

»Nein. Wir sehen nicht mal Grund.«

»Wie steht's mit Umfahren?«

»Das versuchen wir ja. Aber es bedeutet, daß wir eine neue Straße aus den Felsen brennen müssen. Dauert mindestens einen halben Tag.«

Jan fluchte lautlos vor sich hin; wenn es so weiterging, würde die Fahrt nicht planmäßig verlaufen. »Wo sind Sie?« fragte er.

»Etwa sechs Stunden Fahrt vom Tunnel entfernt.«

»Wir schließen auf. Arbeiten Sie weiter! Ende.«

Sechs Stunden. Das bedeutete einen kürzeren Tag, als er sich vorgenommen hatte. Aber es gab Arbeit an den Bremsen. Und sicher kamen mit dem Beginn der Fahrt noch andere Probleme auf. Die Bremsen mußten repariert werden, dann galt es, das eingebrochene Straßenstück zu umgehen. Vielleicht konnten sie morgen weiterfahren. Jeder brauchte eine Mütze Schlaf.

Die Straße senkte sich von den Berghöhen in die Küstenebene hinab; gleichzeitig machte die Landschaft eine totale Veränderung durch. Verschwunden waren die Felswände und die vereinzelten Büsche hoch an den Hängen. Ringsum erstreckte sich der Dschungel, ein hoher, dichter Dschungel, der den Blick auf den Ozean verstellte und vom Himmel nur einen schmalen Streifen offenließ. Es gab zahlreiche Hinweise, daß der Dschungel sich bemühte, die Straße zurückzuerobern. Verbrannte Bäume und sonstige Pflanzen lagen links und rechts an der Straße, dorthin geschoben von den Panzern, die den Weg bahnten. Es gab natürlich auch tierisches Leben, dunkle Gestalten, die in den Schatten beiderseits der Straße nur undeutlich sichtbar wurden. Einmal war eine Schar grüner Flugwesen langsam aus dem Dschungel gekommen und quer über die Straße geschwebt. Zwei Geschöpfe waren gegen die Windschutzscheibe geprallt, langsam abrutschend und blaue Blutspuren hinterlassend. Jan wusch die Spuren fort, indem er auf einen Knopf drückte. Die Maschine fuhr nun wieder auf Autopilot, und es gab wenig zu tun, außer den sich öffnenden Tunnel der Straße zu beobachten.

»Müde, Otakar?« fragte Jan.

»Ein wenig. Eine gute Runde Schlaf würde mir über den Berg helfen.«

»Aber morgen wird ein langer Tag, wie auch jeder Tag danach. Selbst wenn wir uns am Rad ablösen, wird es anstrengend, denn wir können nicht ausruhen, wir können nicht einfach zwischen Fahrer und Beifahrer wechseln.« In Jan reifte ein Plan, den er angestrengt überdachte. »Wir brauchen mehr Beifahrer. Für diese Maschine und für die anderen. Auf diese Weise könnten wir jederzeit einen erfahrenen Fahrer am Rad haben, und der andere, der nicht gerade Dienst hat, kann schlafen.«

»Aber es gibt keine Fahrer mehr.«

»Das weiß ich, aber wir könnten unterwegs neue ausbilden.«

Otakar brummte kopfschüttelnd vor sich hin. »Unmöglich. Wer von den Männern überhaupt einen Hauch von technischen Fähigkeiten gezeigt hat, ist längst dabei. Oder wie Ihr Ex-Mechaniker Decio wieder in der Landwirtschaft tätig, wo er hingehört. Ich möchte hier in der Fahrerkabine keine Bauern haben.«

»Sie haben recht – aber nur halb recht. Wie wär's, wenn wir ein paar Frauen als Fahrer ausbilden würden?« Jan lächelte, als Otakars Mund aufklaffte.

»Aber ... Frauen fahren nicht. Frauen sind doch nur Frauen.«

»Unsinn. Nur in diesem Vorposten zur Hölle, mein Junge. Selbst auf der Erde sind alle Prüfungen nur auf Leistung abgestimmt, und jeder Arbeiter kann so weit kommen, wie es sein Können erlaubt – unabhängig vom Geschlecht. Wirtschaftlich gesehen ist das nur vernünftig. Ich wüßte nicht, warum so etwas bei uns nicht auch möglich sein sollte. Wir sollten die geeigneten Mädchen finden und sie in der Praxis ausbilden.«

»Der Hradil – und den anderen Familienvorständen – wird das nicht gefallen.«

»Natürlich nicht – aber was macht das schon? Wir befinden uns in einer Notsituation – auf die wir mit Notmaßnahmen reagieren müssen.« Bei der Erwähnung der Hradil mußte Jan an ein anderes Mitglied dieser Familie denken, mit dem ihn süßere Erinnerungen verbanden. Er lächelte vor sich hin. »Haben Sie schon mal die Stickereien bemerkt, die Alzbeta Mahrowa macht?«

»Ich besitze ein Stück, das ich von der Familie eingetauscht habe.«

»Also, das erfordert Geduld, Geschicklichkeit, Konzentration ...«

»Alle Talente eines erfolgreichen Fahrers!« Otakar lächelte jetzt ebenfalls. »Mit dieser verrückten Idee könnten wir womöglich richtig liegen! Auf jeden Fall wäre die Fahrt erheblich abwechslungsreicher.«

»Ich bin auch dafür!« meldete sich Hyzos Stimme aus dem Lautsprecher. Er hatte auf dem Interkom mitgehört. »Soll ich nicht auch noch ein paar Funkerinnen ausbilden?«

»Warum nicht? Vielleicht später. Zunächst wollen wir aber eine

Liste der Frauen zusammenstellen, von denen wir annehmen, daß sie in dieser Hinsicht talentiert sind. Aber kein Wort darüber außerhalb dieser Kabine. Ich möchte die Vorstände später damit überfallen, wenn sie müde und verwirrt sind.«

Die Nacht brach herein, ehe sie die Lücke in der Straße erreichten. Es ging wieder aufwärts, und rechts ragte eine Felswand auf, während dic Straße zur Linken in Schwärze endete. Jan nahm die Geschwindigkeit stufenweise zurück, sobald der Punkt auf dem Frontradar erschien. Als er weiter vorn auf der Straße ein metallisches Blinken bemerkte, löschte er die großen Scheinwerfer und gab das Stopsignal.

»Bremsbeginn jetzt!«

Während der Zug langsamer wurde, nahmen auch die anderen Züge, die sich weit durch die Nacht erstreckten, in gleichem Maße die Geschwindigkeit zurück. Zum Stillstand gekommen, wurde die Maschine von Otakar auf Leerlauf gestellt; anschließend tippte er die Zeit ins Log ein. Jan stand auf und streckte sich. Er war müde – dabei sollte die Arbeit dieser Nacht erst beginnen.

»987 Kilometer haben wir heute geschafft«, sagte Otakar und gab die Zahl ein.

»Schön.« Jan massierte seine müden Beinmuskeln. »Damit hätten wir nur noch etwa 26000 vor uns.«

»Auch die längste Reise beginnt mit einer einzigen Umdrehung des Rades«, sagte Eino, der im Luk zum Maschinenraum auftauchte.

»Behalten Sie Ihre Volksphilosophien für sich. Schalten Sie die Maschine auf Minimalfunktion und alle Systeme auf Bereitschaft, und dann bauen Sie auf Wagen sieben das Bremsventil aus. Wenn Sie damit fertig sind, habe ich das Ersatzteil für Sie bereit. Und überprüfen Sie auch den Filter.«

Jan öffnete das Ausgangsluk. Eine Woge heißer, feuchter Luft schwemmte herein. Maschinen und Wagen waren klimatisiert, und er hatte vergessen, wie weit sie schon in den Süden vorgedrungen waren. Schweiß bildete sich auf seiner Haut, während er noch die Sprossen hinabstieg. In Kürze würden sie beim Verlassen der Züge klimatisierte Anzüge tragen müssen. Er legte die hundert Meter zurück, die ihn vom zerklüfteten Ende der Straße trennten. Grelle Scheinwerfer kennzeichneten den Arbeitsbereich. Das Brausen und Knirschen der Tanks hallte von der Felswand wider, unterstrichen durch die ständigen Explosionen der Fusionskanonen. Die lodernden Mündungen der auf den Panzern angebrachten Einheiten hatten bereits eine Nische in die Felswand geschnitten, in der das fehlende Stück Straße umgangen werden sollte. Im Augenblick ging es darum, diese Nische zu vertiefen, damit die Züge hindurchpaßten. Jan mischte sich nicht ein; die Männer leisteten gute Arbeit. Außerdem hatte er ein Anliegen an die Familienvorstände.

Sie versammelten sich im vorderen Wagen der Taekeng-Familie, im größten Abteil, das zur Verfügung stand. Diese Familie gehörte zu den konservativsten und zu denen mit der meisten Inzucht. Sie bewahrte sogar noch Sitten und Gebräuche von der fernen Erde. Seidenvorhänge schmückten die Wände, Wasserszenen mit Vögeln und anderem seltsamen Getier, wie auch Sätze in einem Alphabet, das niemand entziffern konnte. Die Taekengs waren zugleich die gruppensozialste Familie auf dem Planeten und hatten die Wohnquartiere nicht in zahlreiche kleine Abteile aufgespalten, wie sie bei den anderen beliebt waren. Die üblichen Bewohner dieses Raumes waren vorübergehend ausquartiert worden, wogegen sie aber nichts zu haben schienen. Sie waren draußen auf der Straße versammelt und bestaunten die Arbeit an der Straße, die Sterne am Himmel und die seltsamen Gerüche, die von dem tieferliegenden Dschungel aufstiegen. Kinder liefen herum und wurden aufgeregt zurückgerufen, wenn sie sich zu nahe an den Abgrund heranwagten. Ein Kleinkind weinte in der Dunkelheit und schmatzte zufrieden, als ihm die Brust gegeben wurde. Jan schob sich zwischen den Leuten hindurch und betrat den Wagen.

Obwohl er die Sitzung einberufen hatte, hatte man ohne ihn angefangen, das war sofort erkennbar. Hein Ritterspach stand vor den Familienvorständen, klappte aber den Mund zu, als er Jan entdeckte. Er warf ihm einen haßerfüllten Blick zu und zeigte ihm die kalte Schulter. Den bandagierten Arm hielt er dabei vor sich wie einen Schild. Jan ließ seinen Blick über die versteinerten Gesichter der Anwesenden wandern und erkannte, was Hein im Schilde führte. Aber es würde nicht klappen. Langsam ging er zu einem leeren Stuhl und ließ sich darauf fallen.

»Sobald Ritterspach verschwunden ist, kann die Sitzung beginnen«, sagte er.

»Nein!« widersprach Chun Taekeng. »Er hat ernsthafte Anschuldigungen vorzubringen, die wir uns anhören müssen. Er hat gesagt ...«

»Mir ist egal, was er gesagt hat. Wenn Sie eine Konferenz der Familienvorstände abhalten wollen, um seine Anschuldigungen zu hören, können Sie das jederzeit tun. Meinetwegen auch heute abend. Nachdem unsere Angelegenheit erledigt ist. Ich habe diese Sitzung als Zugmeister einberufen, und wir haben dringende Probleme zu besprechen.«

»Sie können mich nicht rauswerfen!« brüllte Hein. »Als Proktor-Captain habe ich ein Recht ...«

Jan sprang auf und schob sein Gesicht dicht vor das gerötete Gesicht des anderen. »Sie haben das Recht zu gehen, sonst nichts! Das ist ein Befehl!«

»Sie können *mir* keine Befehle geben. Sie haben mich angegriffen, Sie stehen unter Anklage ...«

»Sie haben die Waffe gegen mich gezogen, Hein, und ich habe mich verteidigt. Dafür gibt es Zeugen. Ich stelle mich einer Anklage, wenn wir Südstadt erreichen. Wenn Sie darauf bestehen, mich weiter zu belästigen, lasse ich Sie auf der Stelle verhaften, weil Sie die Sicherheit des Zuges in Frage stellen. Sie werden dann unter Arrest stehen. Jetzt verschwinden Sie!«

Hein ließ seinen Blick durch den Raum wandern und suchte offensichtlich Hilfe. Chun öffnete den Mund – und schloß ihn wieder. Die Hradil saß starr und reglos da wie ein Eidechse. Es herrschte Schweigen. Hein stieß einen unterdrückten Laut aus und ging schwankend zur Tür. Mit der linken Hand fummelte er am Knauf herum. Dann verschwand er in der Nacht.

»In Südstadt soll Gerechtigkeit gesprochen werden«, sagte die Hradil.

»Einverstanden«, antwortete Jan, und seine Stimme klang so emotionslos wie die ihre. »Nach der Fahrt. Also zur Sache. Gibt es irgendwelche Probleme, über die ich Bescheid wissen müßte?«

»Es hat Klagen gegeben«, meldete Iwan Semenow.

»Die will ich nicht hören. Moral, Beschwerden, Vorräte, persönliche Probleme – all dies betrifft die Familienvorstände. Ich meine technische Probleme, Luftversorgung, Energie und dergleichen?«

Er schaute von einem Gesicht zum anderen, doch es kam keine Reaktion. So mußte es sein. Er durfte die Leute nicht zur Ruhe kommen lassen, sie durften sich an den neuen Lebensrhythmus nicht zu schnell gewöhnen.

»Gut. Ich wußte doch, daß Sie die technische Mannschaft nach besten Kräften unterstützen würden. Es gibt aber noch andere Möglichkeiten der Hilfe. Wie Sie wissen, werden wir täglich die doppelte Zeit fahren als normal. Heute haben wir erst den ersten Tag, da macht sich die Müdigkeit noch nicht so bemerkbar. Aber sie wird kommen. Die Fahrer arbeiten die doppelte Zeit und werden mit der Zeit doppelt so erschöpft sein. Es mag zu Unfällen kommen, die wir uns nicht leisten können. Es sei denn, wir bilden unterwegs noch mehr Fahrer aus.«

»Warum belästigen Sie *uns* damit?« fragte Chun Taekeng barsch. »Es handelt sich dabei um eine rein technische Frage, und auf dem Gebiet geben Sie ja vor, große Fähigkeiten zu besitzen. Da wir keine landwirtschaftlichen Arbeiten zu verrichten haben, gibt's genügend Männer – suchen Sie sich aus, wen Sie wollen.«

»Verzeihung, verstehen Sie mich richtig, aber ich würde meine Maschinen Ihren knorrigen Feldarbeitern nicht anvertrauen wollen. Jeder, der technisches Können oder Talent besitzt, ist bereits an der Arbeit oder in der Ausbildung.«

»Wenn Sie die Männer schon alle haben, warum kommen Sie dann zu uns?« fragte die Hradil.

»Ja, Sie sprechen von Männern. Meine Fahrer haben mir gesagt, sie kennten viele Frauen, die die benötigten Kenntnisse und Reflexe haben. Man könnte sie ausbilden ...«

»Auf keinen Fall!« rief die Hradil explosiv, und ihre Augen waren in dem Netz uralter Hautfalten zu Schlitzen geworden. Jan wandte sich zu ihr um, dicht vor ihr wie nie zuvor, und erkannte, daß die Kappe schneeweißen Haars in Wirklichkeit eine Perücke war. Sie war also eitel. Vielleicht ließ sich diese Information nutzbringend einsetzen.

»Warum nicht?« fragte er leise.

»Warum? Sie wagen es, diese Frage zu stellen? Weil eine Frau ihren Platz in der Familie hat! Bei ihren Kindern, bei der Familie. So ist es immer gewesen.«

»Nun, so wird es aber künftig nicht mehr sein. Die Schiffe kommen immer. Sie sind nicht gekommen. Die Schiffe transportieren das Getreide ab. Wir aber bringen das Korn in den Süden. Die Schiffe bringen das Saatgut und die Dinge, die wir brauchen. Wir haben kein Saatgut und keine Vorräte. Frauen verrichten keine technischen Arbeiten. Aber ab jetzt tun sie es. Mein Beifahrer sagt mir, Alzbeta Mahrowa, die aus Ihrer Familie stammt, verstehe sich vorzüglich auf das Sticken. Er meint, eine Frau mit solchen Talenten ließe sich zur Pilotin ausbilden. Mit der Folge, daß er mich als Fahrer ablösen könnte. Sie können gleich nach ihr schicken lassen.«

»Nein!«

Stille trat ein. War er zu weit gegangen? Vielleicht, aber er mußte die anderen immer wieder unter Druck setzen – während er stets wußte, wo er stand. Er durfte das Kommando nicht aus der Hand geben. Die Stille zog sich in die Länge – und wurde plötzlich unterbrochen.

»Sie haben sich da nur eine ausgeguckt«, sagte Bruno Becker auf seine langsame, feierliche Art. »Die Mädchen aus der Becker-Familie können mindestens ebensogut sticken wie die Mahrowas. Manche meinen sogar, sie sind besser. Meine Schwiegertochter Arma ist für die Feinheit ihrer Arbeiten bekannt.«

»Das weiß ich«, sagte Jan und drehte der Hradil bewußt den Rücken zu. Lächelnd nickte er. »Außerdem ist sie ein sehr kluges Mädchen. Moment mal, ist ihr Bruder nicht Fahrer von Zug neun? Dachte ich's mir doch! Er soll sie holen. Ihr eigener Bruder wird sie beurteilen und uns sagen können, ob sie in der Lage ist, zur Pilotin ausgebildet zu werden.«

»Ihre Stickereien sehen aus wie Hühnerscheiße im Sand«, fauchte die Hradil.

»Ich bin sicher, daß beide Mädchen vorzüglich arbeiten«, sagte Jan gelassen. »Aber darum geht es hier nicht. Vielmehr müssen wir die Frage klären, ob sie zu Kopiloten der Zugmaschine gemacht werden können. Otakar kann Alzbeta sicher so problemlos ausbilden wie Armas Bruder seine Schwester.«

»Unmöglich. Allein, nur mit Männern zusammen!«

»Ein Problem, das sich einfach lösen läßt. Sehr gut, daß Sie mich daran erinnern. Wenn Alzbeta morgens in die Maschine kommt, sorgen Sie bitte dafür, daß eine verheiratete Frau sie begleitet. Damit haben Sie ein mögliches Problem sofort entschärft. Hradil, dafür danke ich Ihnen. Jetzt wollen wir eine Liste der Frauen aufstellen, die für die Arbeit geeignet sein könnten.«

Es schien keinen Ärger mehr zu geben. Die Familienvorstände schlugen Namen vor, stellten Listen zusammen, die dann mit Jan abgestimmt wurden. Schließlich notierte er die Frauen, die alle für am besten geeignet hielten. Nur die Hradil blieb stumm. Jan warf einen Blick in ihr ausdrucksloses Gesicht und erkannte, daß ihr Fühlen sich auf die Augen konzentrierte, die brennende Abgründe des Hasses waren. Sie wußte, was er getan hatte, und war angefüllt mit einer geradezu arktischen Kälte des Abscheus, die sie von innen heraus erstarren ließ. Wenn sie ihn bisher nur nicht gemocht hatte, so haßte sie ihn jetzt mit abgrundtiefer Intensität. Jan wandte sich ab und versuchte sie zu ignorieren, denn er wußte, daß er nichts dagegen tun konnte.

7

»Mindestens noch eine Stunde«, meldete Lajos Nagy. »Wir müssen noch mehr in der Höhe wegnehmen, sonst kommen die Zugmaschinen nicht durch. Außerdem möchte ich die Außenkante statisch prüfen. Mir gefällt die Beschaffenheit des Gesteins an einigen Stellen nicht.« Er war schon einen Tag und eine Nacht auf den Beinen und hatte durchgearbeitet. Seine Haut war bleich, und dunkle, rußig wirkende Flecken lagen unter seinen Augen.

»Wie viele Panzer sind dazu erforderlich?« fragte Jan.

»Zwei. Die Maschinen mit den übergroßen Fusionskanonen.«

»Lassen Sie die beiden zurück, fahren Sie mit den anderen Panzern weiter. Sie müssen Abstand von uns haben.«

»Ich folge mit diesen ...«

»O nein. Sie sehen aus wie eine aufgewärmte Leiche, wissen Sie das? Sie schlafen, wenn die Panzer fahren. Wir haben noch eine lange Reise vor uns und sicher noch mehr Ärger. Keine Widerrede, sonst lasse ich Hein wieder ans Ruder!«

»Sie haben mich überredet. Wo Sie's erwähnen, ist mir auch, als möchte ich mich gern mal hinlegen.«

Jan schritt langsam über die neu geformte Straße zu den wartenden Zügen. Sein Blick wanderte zum grellen Blau des Himmels empor, und er kniff die Augen zusammen. Die Sonne stand noch hinter den Bergen, würde aber bald aufgehen. Außerhalb des scharfen Klippenrandes erstreckten sich Wolken, die den tieferliegenden Dschungel verhüllten. Es würde ein heißer Tag werden. Er wandte sich zu seiner Maschine um und erblickte Eino, der an der goldenen Metallwandung lehnte und eine kalte Pfeife im Mund hatte. Hände, Arme und Gesicht waren ölverschmiert.

»Alles fertig«, meldete er Jan. »Dauerte fast die ganze Nacht, war aber lohnend. Ich lege mich im Maschinenraum ein bißchen aufs Ohr. Habe die neuen Bremsventile nicht eingebaut, war nicht nötig. Die alten waren nur verklebt. Ausspülen und wieder reintun. Klappt bestens. Die Filter in den Leitungen habe ich auch ausgetauscht. Völlig verdreckt. Diesen Decio würde ich gern die Fresse polieren. Der hat sich kein einziges Bremssystem vorgenommen.«

»Vielleicht dürfen Sie sich Ihren Wunsch erfüllen. Nach der Reise.«

Die wenigen Stunden Schlaf hatten Jan erfrischt, und es machte ihm Spaß, die Sprossen an der Flanke der Maschine zu erklimmen. Im gleichen Augenblick stieg die Sonne über den Bergen auf und strahlte auf das Metall, so daß er sich durch halb geschlossene Lider im Mittelpunkt eines goldenen Scheins wähnte. Halb geblendet schob er sich durch das Luk und knallte es hinter sich zu. Die Luft drin war kühl und trocken.

»Getriebetemperatur, Reifentemperatur, Bremstrommeltemperatur, Wellenlagertemperatur.«

Nicht Otakar sprach diese Worte, sondern eine weitaus angenehmere, vertraute Stimme. Daß er das vergessen hatte! Alzbeta saß im Stuhl des Kopiloten, und Otakar ragte hinter ihr auf und nickte zufrieden. Keine zwei Fuß entfernt hockte eine stämmige grauhaarige Frau und strickte mit grimmig verzogenem Gesicht.

Die Tochter der Hradil, Wachhund und Jungfrauenbehüterin. Jan lächelte vor sich hin, als er in den Fahrersitz glitt. Alzbeta bemerkte die Bewegung, und ihre Stimme verstummte.

»Sie macht sich vorzüglich«, sagte Otakar. »Sie ist etwa zehnmal so intelligent wie der letzte Furchenkratzer, dem ich diese Arbeit beibringen wollte. Wenn sich die anderen Mädchen auch so geschickt anstellen, ist unser Fahrerproblem gelöst.«

»Ich bin davon überzeugt«, sagte Jan, doch sein Blick ließ Alzbeta nicht los. Sie war ihm so nahe, daß er sie beinahe berühren konnte. Die dunklen Augen versenkten sich tief in seinen Blick.

»Mir gefällt die Arbeit auch«, sagte sie. Sehr ernst, von den anderen abgewendet. Nur Jan sah, daß ihr Blick langsam an seinem Körper auf- und niederwanderte, gefolgt von einem langsamen Blinzeln.

»Zum Wohle des Trecks«, sagte er nicht minder ernsthaft. »Ich bin froh, daß der Plan funktioniert. Finden Sie das nicht auch, Tantchen?«

Die Tochter warf ihm einen boshaften Blick zu und setzte grimmig schweigend ihre Arbeit fort. Ihre Mutter hatte sie gut vorbereitet. Ihre Gegenwart ließ sich ertragen. Kein zu hoher Preis, wenn er dafür Alzbeta in der Nähe haben konnte. Jans nächste Worte galten Otakar, doch er schaute dabei das Mädchen an.

»Was meinen Sie – wann wird sie Sie als Beifahrer ablösen können?«

»Verglichen mit einigen Klotzköpfen im Zug, würde ich sagen, sie ist dazu bereit. Aber mindestens einen Tag sollte sie als Beobachterin dabei sein, dann kann sie morgen vielleicht eine Proberunde vom Sitz aus machen, während ich danebenstehe.«

»Das klingt gut. Was meinst du, Alzbeta?«

»Ich ... weiß nicht recht. Die Verantwortung!«

»Die Verantwortung lastet nicht auf dir, sondern auf dem Fahrer. Ich oder Otakar, einer von uns beiden wird in diesem Stuhl sitzen. Hier werden die Entscheidungen getroffen, von hier wird der Zug gesteuert. Es wird deine Aufgabe sein, dem Mann zu helfen, die Dinge im Auge zu behalten, die Instrumente zu beobachten, Anordnungen auszuführen. Und das schaffst du auf jeden Fall, wenn du die Ruhe nicht verlierst. Traust du dir das zu?«

Sie hatte die Zähne zusammengebissen, und so schön sie auch war, hatte sie doch ein wenig von der Hradil an sich, als sie antwortete: »Ja, ich traue es mir zu. Ich *weiß*, daß ich es schaffe.«

»Sehr gut. Dann sind wir uns also einig.«

Als die Fusionskanonen mit der neuen Straße fertig waren, beging Jan persönlich jeden Meter der neuen Strecke, begleitet von einem erschöpften Panzerfahrer. Sie marschierten an der Kante entlang, einen Meter von dem Abgrund zum Dschungel entfernt. Trotz des Windes war es in der Aushöhlung heiß wie in einem Ofen, das Gestein fühlte sich unter den Füßen noch warm an. Jan kniete nieder und klopfte mit einem schweren Rundhammer auf die Felskante. Ein Stück Stein brach ab und stürzte klappernd in die Tiefe.

»Das Gestein gefällt mir stellenweise nicht – ganz und gar nicht«, sagte er. Der Panzerführer nickte.

»Ganz Ihrer Meinung. Wenn wir noch mehr Zeit hätten, würde ich den Einschnitt noch vertiefen. Wir haben mit Schmelzverdichtung unser Möglichstes getan. Hoffentlich dringt die Lava von der Oberfläche durch und hält alles zusammen.«

»Mit dieser Hoffnung sind Sie nicht allein. Also gut, Sie haben getan, was Sie konnten. Bringen Sie die Panzer durch, ich fahre dann den ersten Zug hinüber.« Er wollte sich schon abwenden, kam aber noch einmal zurück. »Sie haben den Führungsdraht wie vorgesehen verlegt?«

»Absolute Minimalhöhe. Läge das Ding noch einen Zentimeter weiter rechts, würde das Oberteil der Maschine anstoßen.«

»Gut.« Jan hatte sich mit dem Problem beschäftigt und wußte, was zu tun war. Es würde Einwände dagegen geben, doch man würde seine Befehle ausführen. Natürlich leistete seine Mannschaft als erste Widerstand.

»Sie brauchen einen Techniker«, sagte Eino. »Ich verspreche Ihnen, ich werde nicht schlafen.«

»Ich brauche keinen. Die Maschine wird die ganze Zeit über Minimumtempo fahren und kann ein paar Minuten auch ohne Ihre Pflege auskommen. Ich brauche für die kurze Zeit auch keinen Beifahrer oder Kommunikationsoffizier. Räumt die Kanzel. Wenn wir hier durch sind, sollst du die Arbeit richtig kennenlernen, Alzbeta.« Er legte ihr die Hand um den Ellbogen und schob sie zum Luk, ohne sich um das entsetzte Schnaufen und die erhobenen Stricknadeln der Anstandsdame zu kümmern. »Und mach dir keine Sorgen.«

Weitere Proteste kamen von den Passagieren, die den Zug verlassen mußten, doch nach wenigen Minuten war Jan im Zug allein. Wenn etwas geschah, würde er als einziger darunter leiden. Sie durften hier nicht mehr Zeit verlieren; die Fahrt mußte weitergehen.

»Alles klar!« meldete Otakar durch das offene Luk. »Ich kann doch mitkommen.«

»Nein. Wir sehen uns auf der anderen Seite wieder. Zug räumen! Ich fahre jetzt an.«

Er trat leicht auf den Beschleuniger. Die Maschine setzte sich mit geringster Geschwindigkeit in Bewegung. Kaum war der Zug in Fahrt, als Jan den Autopiloten einschaltete und die Hände vom Steuer nahm. Nun hatte er sich festgelegt. Die Maschine würde sich ohne seine Hilfe viel besser über die gefährliche Stelle bringen, als er es manuell vermocht hätte. Der Zug kroch weiter, und er trat an das offene Luk und behielt den Rand der Straße im Auge. Wenn es Probleme gab, dann auf dieser Seite. Zentimeterweise krochen sie über die in die Felswand gebrannte neue Straße, langsam näherte sich der Zug dem anderen Ende.

Es gab ein knirschendes Grollen, das durch das Dröhnen der Zugmaschine deutlich zu hören war, gleichzeitig erschienen Risse in der harten Gesteinsfläche. Jan machte Anstalten, sich zu den Kontrollen umzudrehen, ehe er erkannte, daß er doch nichts unternehmen konnte. So blieb er stehen, und seine Finger krampften sich um den Rand des Luks, als ein großes Stück Straße herausbrach und donnernd in die Tiefe stürzte. Risse breiteten sich über die Straßenfläche aus wie tödliche Finger, die nach dem Zug zu greifen versuchten.

Sie hielten inne.

Eine große Lücke klaffte am Rand, eine Einkerbung, die aus dem Gestein der Straße herausgebissen worden war. Sie endete allerdings dicht vor der Maschine. Die mächtige Zugmaschine rollte an der Öffnung vorbei, und Jan sprang an die Kontrollen und schaltete hastig von einer Kamera zur anderen, um den günstigsten Blickwinkel auf den nachfolgenden Wagen zu bekommen. Die Maschine war durch, hatte die Lücke passiert.

Die angekoppelten Wagen waren allerdings fast dreimal so breit.

Sein Fuß schwebte den Bruchteil eines Zentimeters über dem Bremspedal, sein Finger auf der Kontrolle des Autopiloten, sein Blick ließ den Bildschirm nicht los.

Die Räder des ersten Wagens krochen auf die Lücke zu, das äußere Doppelrad schien geradewegs ins Leere zu laufen. Es würde nie vorbeikommen. Jan wollte schon auf die Bremse treten, als er es sich anders überlegte. Vielleicht klappte es doch.

Das Rad rollte zum Rand der Einkerbung und senkte sich in die Leere.

Aber nur der äußere Reifen der beiden. Langsam drehte er sich in der Luft, blauer Himmel war darunter sichtbar. Das gesamte Gewicht des überladenen Wagens ruhte auf dem inneren Rad.

Der Reifen drückte sich unter dem Gewicht zusammen, verflachte zu einem Oval. Dann stieß der zweite Reifen gegen die andere Kante des Einschnitts, und der Wagen war sicher herüber. Das Funkgerät piepte, und Jan schaltete ein.

»Haben Sie *das* gesehen?« fragte Otakar mit schwacher Stimme.

»O ja. Bleiben Sie in der Nähe und machen Sie mir Meldung über die Bruchstelle. Ich fahre jetzt auch den Rest des Zuges hinüber. Wenn die Lage so bleibt, ist alles in Ordnung. Aber geben Sie mir *sofort* Bescheid, wenn es neue Einbrüche gibt.«

»Darauf können Sie sich verlassen.«

Im Kriechtempo folgten die Wagen, einer nach dem anderen, bis der gesamte Zug sicher auf der anderen Seite war. Kaum war ihm der letzte Wagen als klar gemeldet worden, schaltete Jan den Antrieb auf Leerlauf, zog die Bremsen an – und seufzte tief. Er hatte das Gefühl, als sei jeder Muskel seines Körpers mit einem Vorschlaghammer bearbeitet worden. Um die Spannung abzubauen, rannte er im Dauerlauf zum neuen Straßenabschnitt, wo Otakar ihn erwartete.

»Keine Einbrüche mehr, nichts«, meldete der Kopilot.

»Dann müßten wir auch die anderen Züge durchbekommen.« Die Passagiere überquerten die problematische Zone bereits zu Fuß und musterten erschrocken den Klippenrand und den breiten Einschnitt. »Übernehmen Sie die erste Maschine, Otakar, fahren Sie los! Halbe Geschwindigkeit, bis alle Züge hinüber sind. Es dürfte keine Probleme mehr geben. Wenn alle durch sind, komme ich mit dem Motorrad nach vorn. Noch Fragen?«

»Nichts, was ich mit Worten ausdrücken könnte. Dies ist Ihre Show, Jan. Viel Glück!«

Es dauerte Stunden, bis der letzte Zug durch war, doch alle schafften es ohne Unfälle. Der Einschnitt in der Straße verbreiterte sich nicht weiter. Als Jan neben den langsam fahrenden Zügen nach vorn raste, fragte er sich, wie das nächste Problem dieser Reise aussehen würde.

Zum Glück ließ es eine Weile auf sich warten. Die Straße überquerte die Küstengebirge und führte dann über die angeschwemmte Küstenebene, die den Kontinent rahmte. Es handelte sich um einen nahezu flachen, eintönigen Sumpf, die ehemaligen Küstengewässer, die die Terraformer angehoben hatten. Die Straße verlief zumeist auf einer Art Deich, der schnurgerade durch das Schilf und die baumbestandene Grasebene führte. Die Straßenpanzer hatten hier nicht viel zu tun gehabt: sie mußten störende Vegetation fortbrennen und ab und zu einen Riß reparieren, der auf unterirdische Senkungen zurückzuführen war. Die Vorauskolonne kam schneller voran als die schwerbeladenen Züge und vergrößerte ihren Vorsprung immer mehr. Sie machte den größten Teil der verlorenen Zwei-Tages-Führung wieder wett. Die Nächte waren immer kürzer geworden, bis schließlich der Tag heraufzog, an dem die Sonne gar nicht mehr unterging. Sie senkte sich dem südlichen Horizont entgegen, ein lodernder weißblauer Feuerball, nur um gleich darauf wieder in den Himmel zu steigen. Sie stieg immer höher und nahm an Intensität zu, je tiefer die Karawane in den Süden vorstieß. Die Außentemperaturen waren ständig angestiegen und betrugen nun schon gut sechzig Grad. Als es noch Nächte gab, waren in der Dunkelheit viele Leute aus den beengten Wohnquartieren ins Freie gekommen, um sich trotz der atemberaubenden Hitze auf der Straße etwas die Beine zu vertreten. Nachdem die Sonne nun ständig am Himmel stand, war so etwas nicht mehr möglich, so daß die Stimmung sehr gereizt wurde. Noch mußten 18000 Kilometer zurückgelegt werden.

Jeden Tag waren die Züge ganze neunzehn Stunden unterwegs, und die neuen Beifahrerinnen zeigten, was in ihnen steckte. Die Männer hatten zuerst gemurrt, daß die Frauen eigentlich an ihren angestammten Platz gehörten, aber das hatte in dem Maße aufgehört, wie die Müdigkeit um sich griff. Die zusätzliche Hilfe wurde dringend benötigt. Einige Frauen hatten die Anforderungen nicht bewältigt, ihnen fehlte die Auffassungsgabe oder die Kraft, doch es gab mehr als genug Freiwillige, die an ihre Posten rückten.

Jan war seit vielen Jahren nicht mehr so glücklich gewesen. Der dicken Aufpasserin war der Aufstieg in das Fahrerabteil zu anstrengend geworden. Als die Hitze zunahm, hatte man außerdem keinen Kälteanzug finden können, der groß genug für sie war. Einen Tag lang hatte eine verheiratete Kusine die Rolle des Wachhunds übernommen, sagte dann aber, daß sie sich langweile und auf ihre Kinder aufpassen müsse. Sie war nicht wiedergekommen. Ihre Abwesenheit war der Hradil nicht sofort gemeldet worden, und als sie schließlich davon erfuhr, war der Schaden – wenn man es so bezeichnen wollte – bereits angerichtet. Alzbeta hatte einen Tag mit drei Männern ohne sichtlichen Schaden überstanden. In unausgesprochener Übereinstimmung wurde die Institution der Aufseherin abgeschafft.

Alzbeta saß auf dem Beifahrersitz, während Jan den Zug steuerte. Otakar schlief auf der Koje im Maschinenraum oder spielte mit Eino Karten. Hyzo erhielt nach Belieben Erlaubnis, sich an dem Spiel zu beteiligen, denn Jan übernahm bereitwillig seine Funkwache, und obwohl das Luk hinter ihnen offenstand, waren Jan und Alzbeta zum erstenmal seit ihrem Kennenlernen allein.

Zuerst war die Lage ein wenig peinlich. Nicht für Jan. Alzbeta errötete immer wieder und senkte den Kopf, wenn er das Wort an sie richtete, und vergaß dabei ihre Pflichten als Beifahrerin. Ihre lebenslange Erziehung wehrte sich gegen ihre Intelligenz. Jan ignorierte dies eine Schicht lang und verzichtete auf jede leichte Plauderei, in der Hoffnung, daß sie ihre Schüchternheit am nächsten Tag überwunden hätte. Als sich das als Irrtum herausstellte, verlor er die Beherrschung.

»Ich habe dich jetzt zweimal um die Werte gebeten. Das ist zuviel. Du bist hier, um mir zu helfen, nicht um meine Arbeit zu erschweren.«

»T-tut mir leid. Ich werde mich zusammennehmen.«

Sie senkte den Kopf und errötete noch mehr, und Jan fühlte sich wie ein Schweinehund. Dinge, die über Jahre hin gelernt worden waren, ließen sich nicht im Handumdrehen aus der Welt schaffen. Die Straße war frei und schnurgerade, das Bugradar zeigte nichts. Die Züge bewegten sich mit stetigen hundertundzehn Kilometern in der Stunde, und die Steuerung konnte einen Augenblick lang auf sich selbst aufpassen. Er stand auf, ging zu Alzbeta und stellte sich hinter sie. Leicht legte er die Hände auf ihre Schultern. Ihr Körper bebte unter seiner Berührung wie der eines erschrockenen Tiers.

»Ich müßte mich eigentlich bei dir entschuldigen«, sagte er. »Ich hole Hyzo von seinem Pokerspiel, es wird sowieso Zeit für eine Fahrerüberprüfung.«

»Nein, noch nicht. Nicht daß ich nicht gern mit dir allein wäre, im Gegenteil. Ich weiß schon lange, daß ich dich liebe, aber ich erfahre erst jetzt, was das wirklich bedeutet.«

Sie hob die Hand an die Schultern und legte sie über seine Finger, dann wandte sie den Kopf und blickte zu ihm empor. Als er sich vorbeugte, um sie zu küssen, kamen ihre Lippen den seinen entgegen. Als seine Hände hinabglitten, um ihre Brüste zu umfassen, hielten ihre Hände ihn dort fest, drückten ihn fest an sich. Schließlich war er es, der den Kontakt unterbrach, denn er wußte, daß dies weder der richtige Zeitpunkt noch der geeignete Ort war.

»Siehst du, die Hradil hatte doch recht«, sagte er und versuchte einen scherzhaften Ton anzuschlagen.

»Nein! Sie hat sich in jeder Beziehung geirrt. Sie kann uns nicht voneinander trennen. Ich werde dich heiraten. Sie kann nicht verhindern ...«

Das rote Licht an der Funkkonsole und das hektische Piepen ließen ihn zum Fahrersitz eilen. Gleichzeitig schaltete er das Funkgerät ein. Hinter ihm schoß Hyzo aus dem Maschinenraum, wie von einer Kanone abgefeuert.

»Hier Zugmeister.«

»Jan, Lajos von den Panzern. Wir sind hier auf etwas gestoßen, mit dem wir nicht fertigwerden. Sieht aus, als hätten wir einen Panzer verloren, allerdings hat es keine Verwundeten gegeben.«

»Worum geht es?«

»Wasser, einfach nur Wasser. Die Straße ist verschwunden. Ich kann's nicht beschreiben, Sie müssen sich das selbst ansehen.«

Es gab Beschwerden, doch Jan ließ die Züge rollen, bis sie die Straßenpanzer eingeholt hatten. Er schlief gerade, als das Bugradar den ersten Piepston von sich gab. Sofort wachte er auf und nahm den Fahrersitz ein, der von Otakar geräumt worden war.

Wie schon seit Tagen führte die Straße durch die Küstenmarsch. Immer wieder anders, doch auch stets gleichförmig aussehend, hatten sich die dunstverhüllten Ödgebiete voller Schilf und Wasser unmerklich verändert. Der Anteil des offenen Wassers im Watt steigerte sich, bis zu beiden Seiten des Dammes keine Sandbänke mehr auszumachen waren, sondern nur noch Wasser. Jan verlangsamte die Fahrt des Zuges, und die anderen machten es ihm automatisch nach. Zuerst zeigte das Radar die Punkte der einzelnen Fahrzeuge, dann nahmen auch seine Augen das Bild wahr.

Es war ein bestürzender Anblick. Die Straße senkte sich immer tiefer dem Wasser entgegen, bis sie ein Stück vor den Panzern völlig im Wasser verschwand. Dahinter erstreckte sich nur Wasser, von der Straße keine Spur mehr. Ein ruhiger Ozean, der in allen Richtungen sich endlos zu erstrecken schien.

Jan brüllte Otakar zu, er solle das Abschalten der Maschinen überwachen, und als die Bremsen gegriffen hatten, war er bereits am Ausgangsluk und zog einen Kälteanzug über. Als er auf die Straße sprang, erwartete ihn Lajos.

»Wir haben keine Ahnung, wie weit das reicht«, sagte er. »Ich wollte mit einem Panzer durchfahren, Sie sehen den Turm etwa zwei Kilometer weiter. Es wird dort tiefer, plötzlich überflutete mich das Wasser. Ich hatte eben noch Zeit, die Bremsen anzuziehen und zu verschwinden. Der nächste Panzer warf mir ein Seil zu und zog mich raus.«

»Was ist hier passiert?«

»Ich kann es nur vermuten. Sieht aus, als hätte es eine größere Absenkung gegeben. Da hier alles mal unter Wasser gelegen hat, wollen die Naturkräfte vermutlich den alten Zustand wiederherstellen.«

»Haben Sie eine Vorstellung, wie breit die Senke ist?«

»Nein. Mit dem Radar fanden wir nichts, und die Teleskope zeigen nur Nebel. Mag sein, daß die Straße in wenigen Kilometern wieder hochkommt – oder sie endet auf dem Meeresboden.«

»Das klingt ja wirklich optimistisch.«

»Ich war unten im Wasser – das verflucht heiß ist. Außerdem kann ich nicht schwimmen.«

»Tut mir leid. Ich seh's mir mal an.«

»Das Führungskabel funktioniert noch. Sehen kann man nichts, aber die Instrumente halten Kontakt.«

Jan stapfte zum Heck der Maschine, eingezwängt in den dicken Kälteanzug, der seine Bewegung behinderte. Der Anzug war mit einem Rohrnetz ausgekleidet, durch das kaltes Wasser gepumpt wurde. Ein kompaktes Kühlaggregat summte fleißig an seinem Gürtel und blies die erhitzte Abluft nach hinten weg. Gleichzeitig wurde ihm unter dem durchsichtigen Helm gekühlte Luft ins Gesicht geblasen. Der Anzug war ermüdend, wenn man ihn mehrere Stunden lang getragen hatte – doch er ermöglichte den Aufenthalt im Freien. Die Lufttemperatur betrug nun beinahe achtzig Grad. Jan schaltete den Interkom ein.

»Otakar, hören Sie mich?«

»Grün.«

»Stellen Sie die Bremsen und Kupplungen der Wagen fest, dann öffnen Sie die Maschinenkupplung. Ich löse hier hinten die Kabel.«

»Machen wir einen Ausflug?«

»Könnte man sagen.«

Sirrend und klappernd öffneten sich die Metallbacken der Kupplung. Jan schob die schwere Zunge zur Seite und löste alle Kabelverbindungen. Unter den nachfolgenden Wagen dröhnte es laut, als die Sicherheitsbremsen des Beta-Systems aktiviert wurden. Die Kabel zogen sich wie Schlangen in eine Öffnung zurück, und er kletterte in die Fahrerkabine empor.

»Ich brauche drei Freiwillige«, sagte er zu den wartenden Besatzungsmitgliedern und zog seinen Kälteanzug aus. »Sie, Sie und Sie. Alzbeta, du ziehst den Anzug an und gehst zum Zug hinüber. Was wir vorhaben, kann ein Weilchen dauern.«

Sie protestierte nicht, doch ihr Blick war auf ihn gerichtet, während sie den Anzug anlegte, dann stieg sie aus der Fahrerkabine. Otakar verriegelte das Luk hinter ihr. Jan betrachtete die schimmernde Wasserfläche vor der Maschine. »Eino«, fragte er, »wie wasserdicht sind wir?«

Der Techniker antwortete nicht sofort. Er kratzte sich nachdenklich am Ohr, während er langsam den Blick herumwandern ließ, ein Blick, der auf die Stahlwände und den Boden gerichtet war und alle Verbindungen, Versiegelungen und Luken mit Technikeraugen musterte.

»Nicht übel«, sagte er schließlich. »Auf eine gewisse Wassermenge sind wir eingerichtet, Getriebe und Lager, Wartungsabdeckungen und Luken haben ausnahmslos Gummidichtungen. Weiter oben sieht es auch nicht schlecht aus, jedenfalls ein Stück weit. Ich glaube, wir könnten bis zum Dach unter Wasser gehen, ohne Probleme zu bekommen. Kommt das Wasser aber höher, könnte es in den Kühlöffnungen Kurzschlüsse geben. Bis dorthin, würde ich sagen, sind wir wasserdicht.«

»Dann sollten wir lieber gleich losfahren, ehe wir es uns anders überlegen.« Jan setzte sich ans Steuerrad. »Gehen Sie zur Maschine – vielleicht brauche ich viel Energie! Hyzo, sie halten Funkkontakt und geben laufend Meldung an die anderen! Wenn es Probleme gibt, sollen sie wissen, was geschehen ist. Otakar, halten Sie sich bereit, falls ich Sie brauche!«

»Mal ein bißchen schwimmen?« fragte der Beifahrer gelassen und betätigte einige Schalter.

»Ich hoffe nicht. Aber wir müssen feststellen, ob die Straße noch vorhanden ist. Wir können weder umkehren noch hierbleiben. Und eine andere Straße haben wir nicht. Unsere Maschine ist fast doppelt so hoch wie der Panzer. Jetzt hängt alles von der Wassertiefe ab. Energie?«

»Voll da!«

Die Panzer wichen zur Seite aus, als sich die mächtige Maschine mahlend in Bewegung setzte. Direkt auf das Wasser zu, bis die Vorderräder die ersten Wellen warfen. Dann hinein.

»Als ob wir in einem Schiff säßen ...«, sagte Otakar beinahe flüsternd. *Mit dem kleinen Unterschied,* dachte Jan, *daß unsere Maschine nicht schwimmen kann.* Er sprach den Gedanken nicht laut aus.

Ringsum erstreckte sich Wasser von unbestimmter Tiefe. Sie wußten, daß sie noch auf der Straße fuhren, denn das Wasser hatte die Naben der großen Räder noch nicht erreicht. Und das optische Signal des Leitkabels, dem das Fahrzeug automatisch folgte, war noch deutlich sichtbar und in der Mitte. Aber schon erzeugte die vorrückende Maschine eine Bugwelle, und auf den ersten Blick hätten sie auch ein Schiff sein können, so wenig erkennbare Verbindung hatten sie mit dem Land – oder dem zurückbleibenden sichtbaren Teil der Straße.

Der Panzerturm weiter vorn war ein solider Bezugspunkt, dem sie sich vorsichtig näherten. Je näher sie der Stelle kamen, desto höher stieg das Wasser. Jan hielt gut zwanzig Meter vor dem untergetauchten Fahrzeug.

»Das Wasser bedeckt unsere Räder noch nicht ganz. Wir haben noch viel Spielraum«, meldete Otakar, der aus dem Seitenfenster blickte. Er versuchte ruhig zu sprechen; trotzdem klang seine Stimme gepreßt.

»Was meinen Sie, wie breit ist die Straße hier?« fragte Jan.

»Hundert Meter, wie der Rest der Straße.«

»Ach wirklich? Sie glauben nicht, daß das Wasser sie unterspült hat?«

»Daran habe ich allerdings nicht gedacht ...«

»Aber ich. Wir fahren um den Panzer herum, so dicht es irgend geht. Hoffentlich ist die Straße dafür noch fest genug.«

Jan schaltete den Autopiloten aus und drehte das Steuer, während sie langsam vorwärtskrochen. Der hohe weiße Punkt des Führungskabels glitt über den Schirm und verschwand. Einen anderen Anhalt hatte er nicht. Immer höher stieg das Wasser.

»Ich hoffe, Sie bleiben dicht am Panzer!« rief Hyzo. Die Bemerkung war wohl scherzhaft gemeint, klang aber nicht so.

Jan versuchte sich daran zu erinnern, wie breit der untergegangene Tank war. Er wollte so dicht wie möglich beim Hindernis bleiben, ohne damit zu kollidieren. Wollte in einem möglichst engen Bogen darum herumfahren. Auf allen Seiten Wasser, nichts als Wasser, und das einzige Geräusch war das Grollen des Antriebs und das heisere Atmen der Männer.

»Ich sehe es nicht mehr!« rief Jan plötzlich. »Die Kameras sind ausgefallen. Otakar!«

Der Beifahrer war bereits ans Heckfenster gesprungen.

»Langsam weiter, beinahe vorbei, liegt schon leicht zurück. Sie können scharf einschlagen – jetzt!«

Jan gehorchte blindlings. Etwas anderes blieb ihm nicht übrig. Er befand sich mitten auf hoher See und bediente ein Steuerrad, ohne jeden Bezugspunkt. Nicht zuviel, geradeaus, er müßte daran vorbei sein. Oder fuhr er in die falsche Richtung? Bald mußte er über den Rand der Straße kippen. Er spürte nichts von dem Schweiß, der sein Gesicht bedeckte und die Handflächen glitschig machte.

Ein winziger Schimmer am Rande des Bildschirms.

»Ich habe das Kabel wieder!«

Er richtete das Steuer wieder auf Mitte und drehte es allmählich, während der Punkt langsam über den Schirm wanderte, um wieder auf Normallage zu kommen. Als es soweit war, schaltete er den Autopiloten ein und lehnte sich zurück.

»Soviel dazu. Jetzt wollen wir sehen, wie weit diese Überflutung reicht.«

Er behielt die Geschwindigkeitskontrolle auf manuell, überließ es aber dem Autopiloten, dem Führungskabel auf der Spur zu bleiben. Es erschien unmöglich – aber die Straße war noch unter der Maschine. Die Männer sahen zu, wie eine Regenfront heranbrodelte und die Maschine überschüttete. Die Sicht in alle Richtungen war gleich Null. Jan schaltete die Scheibenwischer und die Scheinwerfer ein. Relais klapperten im Maschinenraum.

»Sie haben eben die Hälfte der Scheinwerfer verloren!« meldete Eino. »Kurzschlüsse. Sicherungen rausgeflogen.«

»Bringt das Ärger? Was ist mit den anderen Lampen?«

»Die müßten in Ordnung sein. Die Zuführungen sind isoliert.«

Die Fahrt ging weiter. Auf allen Seiten Regen und vor der Maschine die pockennarbige Wasserfläche. Wasser, das langsam und beständig immer höher stieg. Aus dem Maschinenraum tönte ein sich steigerndes Jaulen; das Gefährt vibrierte und rutschte ruckartig zur Seite.

»Was ist?« fragte Hyzo mit einem Anflug von Panik in der Stimme.

»Radumdrehung beschleunigt sich«, sagte Jan, umklammerte das Steuer und drehte es in dem Bemühen, dem aus dem Schirm abwandernden Punkt zu folgen. »Effektive Geschwindigkeit ist aber gesunken. Wir rutschen seitwärts.«

»Sand oder Schlamm auf der Straße!« rief Otakar. »Wir rutschen!«

»Und verlieren das Kabel.« Jan schlug das Steuer noch stärker ein. »Dieses Ding schwimmt schon fast, die Räder finden keinen Halt mehr. Aber wir kommen durch!«

Energisch trat er auf den Gashebel, und aus der Tiefe dröhnten die Getriebe. Die Antriebsräder drehten sich im Schlamm, wirbelten ihn auf, gruben sich hinein, belebten die Oberfläche des Wassers ringsum. Die Seitwärtsbewegung ging weiter – der Kabelpunkt war vom Schirm verschwunden.

»Wir kippen über den Rand!« brüllte Hyzo.

»Noch nicht.« Jans Zähne gruben sich tief in die Unterlippe, doch er merkte nichts davon.

Als die Räder die Oberfläche der Straße berührten, gab es einen Ruck, dann einen zweiten. Als die Reifen wieder Halt fanden, reduzierte Jan den Antrieb – die Kriechfahrt ging weiter. Endlose Sekunden Schweigen. Dann tauchte der Kabelpunkt wieder auf. Jan brachte ihn in die Mitte und sah sich den Kompaß an, um sicher zu gehen, daß sie nicht in die falsche Richtung fuhren. Die Maschine kroch weiter. Es hörte auf zu regnen, und er schaltete die Scheinwerfer aus.

»Ich weiß nicht recht, aber ich glaube, das Wasser steht jetzt nicht mehr so hoch«, sagte Otakar mit heiserer Stimme. »Ja, es muß so sein, die Sprosse da war eben noch unter Wasser!«

»Ich kann Ihnen noch was Besseres anbieten«, sagte Jan, schaltete auf Automatik und ließ sich schwer in den Stuhl fallen. »Wenn Sie weit nach vorn schauen, sehen Sie die Straße wieder aus dem Wasser kommen.«

Der Wasserspiegel sank, bis die Räder wieder im Freien waren und nach allen Seiten Tropfen davonstieben ließen; gleich darauf waren sie wieder auf festem Grund, und Jan schaltete den Antrieb aus und zog die Bremsen fest.

»Wir sind durch. Die Straße ist noch vorhanden.«

»Aber – schaffen es die Züge?« fragte Otakar.

»Sie müssen es schaffen, oder?«

Darauf gab es keine Antwort.

8

Ehe man überhaupt daran denken konnte, die Züge über das überflutete Straßenstück zu manövrieren, galt es das Hindernis des verlassenen Tanks zu beseitigen. Jan steuerte die Maschine zurück und hatte diesmal keine Mühe mit der verschlammten Stelle. Wenige Meter vor dem Panzer hielt er an.

»Irgendwelche Vorschläge?« fragte er.

»Bekommen wir das Ding wieder in Gang?« fragte Otakar.

»Nein. Inzwischen dürfte der Meiler feucht sein, die elektrische Anlage ist erledigt. Aber ehe wir weiter nach Lösungen suchen, müssen wir eine Frage klären.« Er ließ sich mit Lajos verbinden, der den Panzer ins Wasser gefahren hatte. Die Antwort war nicht erfreulich. »Die Kupplung ist eingelegt. Uns bleibt nichts anderes übrig, als den Panzer aus dem Weg zu räumen. Und das geht nur, wenn die Ketten frei rollen. So ein Gewicht rutschen zu lassen, ist unmöglich.«

»Sie sind der Wartungs-Captain«, sagte Otakar. »Sie können solche Fragen am besten beantworten.«

»Ich kenne die Antwort. Ohne Antrieb müssen wir den manuellen Öffnungshebel benutzen. Das Problem liegt darin, daß das Ding hinten an der Innenwand angeklemmt ist. Man muß es aus der Halterung nehmen, an Ort und Stelle bringen und etwa ein Dutzendmal drehen. Und das alles unter – wieviel? – drei Metern Wasser? Können Sie schwimmen, Otakar?«

»Wo hätte ich das wohl lernen sollen?«

»Eine gute Frage. Im Kanal schwimmt zuviel Dünger, um ihn

zum Schwimmen zu benutzen, dabei ist er das einzige Gewässer nahe der Stadt. Man hätte annehmen können, daß jemand in einer solchen Siedlung ein Schwimmbecken vorsieht. Viel Aufwand hätte das nicht gekostet. Na, da bin ich wohl der einzige Schwimmer auf Halvmörk. Ein widerstrebender Freiwilliger. Aber ich brauche Hilfe.«

Es gab keine Möglichkeit, ohne großen Aufwand eine Tauchermaske anzufertigen, doch eine der Druckflaschen mit Preßluft zu füllen, war kein Problem. Jan stellte das Ventil so ein, daß es einen ständigen Luftstrom abgab, der zwar nach Öl und Maschinenfett schmeckte, ihn aber am Leben erhalten würde, ohne gleich zu großen Druck zu liefern. Eino formte eine Schlinge, mit der er das Ding an der Hüfte befestigen konnte, und eine Plastikleitung zum Mund. Das und eine wasserdichte Taschenlampe waren seine Ausrüstung.

»Fahren Sie uns so dicht heran, wie es geht«, befahl er Otakar und zog seine Sachen aus. Die Stiefel behielt er an. Das Metall war sicher heiß. Er brauchte auch Handschuhe. Als die beiden Maschinen sich Bug an Bug berührten, öffnete er das Dachluk. Eine Woge brennendheißer Luft wallte herein. Wortlos stieg er zum Luk und schob es auf.

Es war, als stiege er in einen heißen Backofen. Die kühle Luft des Maschineninneren blieb hinter ihm zurück, als er in den grellen, brennenden Sonnenschein hinauskletterte. Er deckte die Augen mit dem Arm ab und schlurfte auf dem Dach der Maschine nach hinten, wobei er sich vorsichtig zwischen den Kühlöffnungen bewegte. Er versuchte in der heißen Luft nicht zu atmen, sondern zwang sich dazu, die kühlere Luft aus dem Schlauch zu saugen. Die Sohlen seiner Stiefel waren zwar dick, doch schon machte sich die Hitze des Metalls bemerkbar. Als er den Bug erreichte, zögerte er nicht, sondern ließ sich über die Seite ins Wasser gleiten.

Er glaubte in kochendem Wasser zu schwimmen, das ihm die Energie aus Armen und Beinen zog. Mit drei Schwimmzügen erreichte er das offene Luk des Panzers. Er gestattete sich kein Zögern, sondern sank sofort unter die Wasseroberfläche. Dort war es dunkel, zu dunkel – ehe er sich an die Lampe erinnerte. Die

Hitze des Wassers war überall, sie zerrte an seinem Willen, raubte ihm die Energie. Jetzt der Hebel. Er mußte ihn in die Hand bekommen.

Alles bewegte sich langsam wie in einem Traum, und wenn ihm die Brust nicht wehgetan hätte, wäre er vielleicht dem Wahn verfallen, einschlafen zu müssen. Er bekam Luft aus der Flasche, aber nicht genug. Der Hebel. Er ließ sich mühelos lösen, doch ihn dann zu kippen, schien ungeheuer schwierig zu sein. Als das Ding schließlich über den Stutzen klickte, verlor er kostbare Sekunden bei dem Versuch, sich zu erinnern, in welche Richtung er drehen mußte. Dann die Drehungen, immer weiter, bis es nicht mehr ging.

Zeit. Es war höchste Zeit, zu verschwinden. Hebel und Lampe fielen ihm aus den Fingern, und er versuchte emporzuschwimmen. Doch er schaffte es nicht. Das offene Luk zeichnete sich in klarer Helligkeit über ihm ab, doch er hatte nicht mehr die Kraft hinaufzuschwimmen. Mit einem letzten Aufbäumen seiner schwindenden Kräfte zerrte er die Masse der Preßluftflasche los und spuckte den Schlauch aus. Dann zog er die Knie an. Ein letzter Versuch. Emporstoßend, hinaufschwimmend, kräftiger, mühsamer.

Seine Hände verließen das Wasser und umklammerten den Rand des Luks. Im nächsten Augenblick war er mit dem Kopf im Freien und atmete in großen, keuchenden Zügen die heiße, brennende Luft. Sie schmerzte in seinen Lungen, doch plötzlich konnte er wieder klar denken. Als er dazu in der Lage war, zerrte er sich hoch und torkelte über das Dach des Tankturms in die Richtung seiner Maschine.

Und erkannte, daß er es nicht schaffen würde, daß er keinen Meter mehr schwimmen konnte.

Neben seinem Kopf klatschte ein Tau ins Wasser, und er griff im Reflex danach. So wurde er zur Flanke der Maschine gezogen. Otakar langte herab, umfaßte seine Handgelenke und zerrte ihn wie einen halbtoten Fisch aus dem Wasser. Jan merkte kaum noch etwas davon, sein Bewußtsein drohte in rotem Dunst unterzugehen. Er schreckte erst zusammen, als er mit dem Bein das Metall des Dachs der Maschine berührte und sich daran verbrannte. Der plötzliche Schmerz entriß ihm einen lauten Schrei, und er öffnete die Augen und merkte, daß Otakar ihm half. Otakar ohne Kälteanzug, ebenfalls vor Erschöpfung keuchend.

Sie stützten sich aufeinander, während sie vorsichtig über das Dach der Zugmaschine stiegen. Jan ließ sich als erster in die Kabine sinken, unterstützt durch den Beifahrer, der ihm folgte. Die Luft im Inneren fühlte sich eisig an. Eine lange Zeit hindurch waren sie zu nichts anderem fähig, als leblos dort liegenzubleiben, wo sie in ihrer Erschöpfung niedergesunken waren. Sie versuchten wieder zu Kräften zu kommen.

»Das sollten wir nicht noch einmal machen, wenn es irgend anders geht«, sagte Jan schließlich. Otakar brachte nur ein schlaffes Nicken zustande.

Hyzo salbte Jans Bein und wickelte die Stelle in Gaze ein. Die Wunde schmerzte, doch eine Tablette ließ den Schmerz bald verschwinden. Wie auch die Müdigkeit. Wieder angekleidet, setzte er sich in den Fahrersitz und überprüfte die Kontrollen.

»Haben wir schon irgendwelche Lecks festgestellt?« fragte er den Techniker.

»Nichts. Das Monstrum ist dicht.«

»Gut. Jetzt geben Sie mir bitte ordentlich Saft. Ich werde den Tank von der Straße schieben. Was könnte kaputtgehen, wenn ich das Ding Bug an Bug wegdränge?«

»Ein paar Scheinwerfer, nichts Wichtiges. Wir haben ansonsten vier Zentimeter dicken Stahl. Wenn man ordentlich was ziehen will, braucht man Gewicht. Einfach schieben.«

Jan kam der Aufforderung nach. Mit niedrigster Umdrehung vorwärts, bis Metall gegen Metall knirschte und die ganze Maschine erbebte. Im unteren Getriebebereich bleibend, trat er langsam auf das Gaspedal. Das Getriebe knurrte, und die Maschine stemmte sich vibrierend gegen das Gewicht des Panzers. Irgend jemand mußte nachgeben.

Der Panzer bewegte sich. Als er erst einmal rückwärts rollte, blieb Jan auf gleichmäßiger Geschwindigkeit und drehte leicht das Steuer, das er sofort wieder auf Mitte nahm, um die Drehung der vorderen Räder zu halten. So drehten sich allmählich die beiden Maschinen zur Seite, bis sie das Führungskabel hinter sich ließen und der Panzer im rechten Winkel zur Straße stand. Jan stellte das Rad auf Mitte und schob weiter. Immer weiter von der Mitte weg. Immer näher zum Rand.

Plötzlich bäumte sich der Panzer auf, und Jan trat auf die Bremse. Die andere Maschine stürzte augenblicklich über den Rand. Nach dem Winkel zu urteilen, befand sich auch die Zugmaschine dicht am Abgrund. Langsam und vorsichtig schaltete Jan auf Rückwärtsgang und zog sich von der Gefahrenstelle zurück. Erst als sie wieder auf die Mitte der Straße ausgerichtet waren, atmete er laut seufzend aus.

»Ganz recht«, sagte Otakar. »Hoffentlich war das hier das letzte Stück Ärger.«

Es war kein Kinderspiel, doch es gab keine wesentlichen Probleme, als es nun daran ging, die Züge über das überschwemmte Straßenstück zu manövrieren. Es kostete nur Zeit. Zeit, die sie für andere Dinge besser hätten nutzen können. Die Wagen, die viel leichter waren als die massigen Maschinen, neigten im Wasser zum Schwimmen. Mehr als zwei konnten nicht gleichzeitig hinübergeschleppt werden und dann auch nur, wenn an beiden Enden je eine schwere Maschine angekoppelt war. Das Hin und Her setzte sich ohne Pause fort, bis alle Wagen drüben waren. Erst als die Züge auf der anderen Seite wieder zusammengestellt waren, erlaubte sich Jan einen Augenblick der Entspannung. Er legte sich zum erstenmal für längere Zeit schlafen. Er hatte eine achtstündige Ruheperiode angeordnet; erst dann sollte die Reise weitergehen. Jeder brauchte die Erholung, die Maschinenbesatzungen waren erschöpft, und es hätte wenig Sinn gehabt, mit Fahrern zu arbeiten, die in einem solchen Zustand waren. Sie konnten sich ausruhen, er aber nicht. Während die Züge durch das Wasser geschleppt wurden, hatte er sich mit einem Problem beschäftigt, das nicht aus der Welt geschafft werden konnte. Ein auf der Hand liegendes Problem, das ihm offen ins Auge starrte, als er nun über die überschwemmte Strecke zur Schwadron der Panzer zurückkehrte. Er stoppte die tropfende Zugmaschine neben den Panzern, zog einen Kälteanzug über und stieg in den Führungstank um.

»Ich dachte schon, Sie hätten uns vergessen«, sagte Lajos Nagy.

»Ganz im Gegenteil. Seit Tagen denke ich an nichts anderes.«

»Sie wollen die Panzer hier zurücklassen?«

»Nein – dazu brauchen wir sie zu dringend.«

»Aber wir können aus eigener Kraft nicht hinüber.«

»Das erwarte ich auch gar nicht. Schauen Sie sich das an.«

Jan entrollte eine Zeichnung mit der Seitenansicht eines Panzers. Mit einem breiten Rotstift hatte er reichlich darauf herumgemalt. Er klopfte auf die eingezeichneten Linien.

»Das sind die Problemzonen«, sagte er. »Wir werden sie alle mit Plastik-Gallerte einsprühen, wie wir sie zum Einmotten verwenden. Das müßte die Maschinen so lange wasserdicht machen, daß wir sie durchs Wasser und drüben wieder herausbringen können.«

»Moment mal«, sagte Lajos und deutete auf die Zeichnung. »Da sind ja alle Ausgangsluken verschlossen. Wie kommt der Fahrer ins Freie, wenn ein Notfall eintritt?«

»Die Sache läuft ohne Fahrer. Wir kuppeln die Fahrketten aus, machen die Panzer wasserdicht und schleppen sie hinüber. Für jeden müßte eine Trosse genügen. Ich habe es versucht – es klappt.«

»Hoffentlich«, sagte Lajos zweifelnd. »Aber ich säße ungern in der Schleppmaschine, wenn ein Panzer über den Straßenrand kippte. Der würde die Maschine glatt mitreißen.«

»Durchaus möglich. Deshalb werden wir eine Ausklinkvorrichtung einbauen, die von der Schleppmaschine aus betätigt werden kann. Wenn der Panzer abzurutschen beginnt, geben wir ihn frei.«

Lajos schüttelte den Kopf. »Ist wohl die einzige Möglichkeit. Versuchen wir's zunächst mit Panzer sechs. Dessen Getriebe ist so gut wie hin – vielleicht müssen wir ihn sowieso liegenlassen.«

Es gab ein allgemeines Aufatmen, als der Plan funktionierte. Der herübergeschleppte Tank verschwand unter der Wasseroberfläche und wurde erst wieder sichtbar, als er am Ende des versunkenen Straßenstücks emporkam. Das Dichtungsmittel war schnell wieder abgekratzt. Bis auf einige Pfützen, die auf ein kleines Leck zurückzuführen waren, war das Fahrzeug in bester Verfassung. Nun begann das Herüberschleppen der anderen Räumungspanzer.

Als die Fahrt fortgesetzt werden konnte, übernahmen die Beifahrer Dienst in den Zugmaschinen. Alzbeta brachte ein Bündel mit, das sie auf den Boden legte, bevor sie den Kühlanzug abstreifte.

»Etwas Besonderes«, sagte sie. »Ich hab's selbst gemacht. Ein Familienrezept für besondere Anlässe. Ich glaube, jetzt haben wir einen besonderen Anlaß. Beef Stroganoff.«

Es schmeckte köstlich. Die Besatzung genoß die erste richtige Mahlzeit seit Beginn der großen Fahrt. Zum Fleisch gab es frisch gebackenes Brot, literweise Bier und frische grüne Zwiebeln. Zum Nachtisch wurde sogar Käse gereicht, obwohl kaum einer noch Platz dafür hatte. Aber sie ächzten heroisch und schufen den Platz.

»Vielen Dank«, sagte Jan und griff nach ihrer Hand, obwohl die anderen dabeisaßen. Niemand sagte etwas, vielleicht achtete auch niemand darauf. Alzbeta war als Besatzungsmitglied voll akzeptiert. Ein Mitglied, das eine echte Verbesserung bedeutete, denn bei den Männern beschränkten sich die Kochkünste auf das Aufwärmen tiefgefrorener Konzentrate. Plötzlich hatte Jan eine Idee.

»Wir fahren in einer halben Stunde ab. Das genügt, um dich mal im Fahrersitz auf die Probe zu stellen, Alzbeta. Du willst doch nicht dein ganzes Leben Beifahrerin bleiben.«

»Guter Gedanke«, sagte Otakar.

»O nein, das schaffe ich nicht! Es geht nicht ...«

»Das ist ein Befehl – nun gehorche auch!« Sein Lächeln strafte die harten Worte Lügen, und schon begannen alle zu lachen. Hyzo holte einen Lappen und polierte den Sitz. Otakar führte sie hin und stellte den Kontursessel so ein, damit sie mühelos an die Pedale kam. Bei abgeschalteter Energie trat sie versuchsweise auf Beschleunigungspedal und Bremse und bewegte das Steuerrad. Die Funktionen der Instrumente kannte sie bereits.

»Sieh doch, wie einfach das ist«, sagte Jan. »Jetzt geh auf Rückwärtsfahrt und setze zwei Meter zurück.«

Sie erbleichte.

»Das ist etwas anderes. Das könnte ich nicht.«

»Warum nicht?«

»Du verstehst das nicht, es ist deine Arbeit.«

»Du meinst, Arbeit für Männer?«

»Ja, vielleicht.«

»Dann versuch es wenigstens. Du hast schon die ganze letzte

Woche Arbeiten verrichtet, die eigentlich nur für Männer gedacht waren – du und die anderen Mädchen, und die Welt ist nicht zusammengebrochen.«

»Gut – ich tu's!«

Sie sagte es trotzig – und sprach im Ernst. Die Dinge veränderten sich, und ihr gefielen die Neuerungen. Ohne weiteren Befehl schaltete sie die Maschine ein, schaltete den Autopiloten ab und nahm alle anderen Schaltungen vor, die den Zug fahrbereit machten. Dann legte sie vorsichtig den Rückwärtsgang ein und setzte die Maschine ein Stück zurück. Als sie alle Funktionen wieder stillgelegt hatte, brachten die Männer ein Hoch auf sie aus.

Bei Fahrbeginn waren alle bei bester Stimmung, zufrieden und ausgeschlafen. Und das war nur gut so, denn der schlimmste Abschnitt der Fahrt lag noch vor ihnen. Die Techniker, die die Straße gebaut hatten, waren bemüht gewesen, den natürlichen Gefahren des Planeten auszuweichen. So duckte sich die Straße so weit wie möglich hinter die Küstengebirge der beiden Kontinente, die sie untertunnelt hatten. Die Küsten wurden im wesentlichen gemieden, indem die Straße vor dem Land auf Dämme gehoben worden war. Auf der Kette der aus dem Ozean hochgestemmten Inseln, auf dem Isthmus, der die beiden Kontinente miteinander verband, verlief die Straße hoch oben auf dem Rücken der Inseln, auf den Kämmen der höheren Berge.

Es gab allerdings ein Risiko, das sich nicht vermeiden ließ. Irgendwann mußte die Straße die tropische Dschungelbarriere durchstoßen. Im südlichsten Teil des Kontinents herrschte ewiger heißer Sommer. Die Temperatur stieg zuweilen fast auf den Siedepunkt des Wassers, und der Dschungel war die Hölle.

Die Straße führte ein Stück ins Binnenland und durchstieß dabei eine Bergkette. Die Panzer standen dreißig Stunden vor den Schleppzügen und machten die Straße frei; Jan wußte also, wie es weiter vorn aussah. Aber wie immer übertraf die Wirklichkeit jede Beschreibung. Der Tunnel führte im steilen Winkel abwärts, und die Scheinwerfer ließen Gestein und Straßenfläche grell hervortreten. Buchstaben standen hier, für alle Ewigkeit in die Fahrbahn eingegraben: LANGSAM stand dort, immer wieder LANGSAM! Die Reifen grummelten, wenn sie das Gewirr der Buchstaben überfuhren. Als die grelle Tunnelöffnung auftauchte, bewegten sich die Züge mit gemächlichen fünfzig Stundenkilometern.

Bäume, Ranken, Pflanzen, Blätter, der Dschungel war auf allen Seiten, oben und noch prall von Leben, links, rechts oben und sogar auf der Straße. An dieser Stelle war die Fahrbahn gut zweihundert Meter breit, doppelt so breit wie normal; trotzdem hatte sich der Dschungel darüber hergemacht, die sprießende Vegetation hatte in ihrem Kampf um das Sonnenlicht die freie Fläche mit Beschlag belegt. In den vier Jahren seit der letzten Fahrt hatten die Bäume lange Äste ins Licht geschickt. Oft waren diese Auswüchse so groß geworden, daß sie ein Übergewicht geschaffen und die Mutterbäume auf die Straße gekippt hatten. Einige waren dabei gestorben und dienten nun als Nährboden für andere Pflanzen und Ranken, während andere den Wurzelkontakt nicht verloren hatten und in der neuen Position kräftig weitergewachsen waren. Wo die Straße nicht von Bäumen eingeengt war, schlängelten sich Rankengewächse und Schlingpflanzen, deren Streben bis zu einem Meter dick und dicker waren, auf die sonnige Fläche hinaus.

Die Panzer hatten sich zum Kampf gegen die Bäume zusammengetan; die schwarzen Überreste ihres Sieges säumten zu beiden Seiten den Straßenrand. Die Fusionskanonen hatten an vorderster Front ihre Flammenzungen lodern lassen und jedes Hindernis verbrannt. Anschließend hatten die Räumschieber einen Weg geschaffen, der gerade breit genug war für die Fahrketten; die nachfolgenden Tanks hatten diesen Weg erweitert und die verkohlten Überreste noch weiter nach draußen geschoben. Jetzt fuhren die Züge langsam zwischen Wänden verkohlter Vegetationsreste, die stellenweise noch qualmten. Es war ein alptraumhafter Anblick.

»Schrecklich!« sagte Alzbeta. »Ein schrecklicher Anblick!«

»Ich möchte ja keine düsteren Prognosen stellen«, antwortete Jan, »aber das ist erst der Anfang. Das Schlimmste kommt noch. Natürlich ist es immer gefährlich dort draußen, selbst wenn die Fahrt zur üblichen Zeit erfolgt. Dieses Jahr sind wir aber spät dran, sehr spät.«

»Macht das einen Unterschied?« fragte sie.

»Ich weiß nicht – aber wenn es einen Unterschied gibt, dann bestimmt nicht zum Besseren. Wenn man nur bessere Aufzeichnungen geführt hätte! Die frühen Planetenerkundungen sagen mir nichts mehr. Alle Speicherbänke sind gelöscht worden. Natürlich gibt es Logbücher aller Fahrten, aber die helfen uns nicht weiter. Meistens nur technische Anmerkungen und Tagesstrecken. Aber keine persönlichen Berichte. Wenn alle vier Jahre alles zusammengepackt und an einen anderen Ort geschafft werden muß, gehen nebensächlich scheinende Dinge wohl leicht über Bord. Ich habe also keine konkreten Tatsachen – nur so ein Gefühl. Der Frühling macht mir zu schaffen.«

»Das Wort kenne ich nicht.«

»Das gibt es in unserer Sprache auch nicht. Es gibt keine Entsprechung dafür. Auf ausgeglichenen Planeten gibt es in den gemäßigten Zonen vier Jahreszeiten. Der Winter ist die kalte Zeit, der Sommer bringt die Hitze. Die Zeit dazwischen, wenn sich alles aufwärmt, das ist der Frühling.«

Alzbeta schüttelte lächelnd den Kopf. »Das ist nicht leicht zu verstehen.«

»Es gibt auch auf diesem Planeten etwas, das dem Frühling nahekommt. Am Rand der Dämmerungszone gibt es Lebensformen, die sich der kühleren Umwelt angepaßt haben. Sie haben dort ihre ökologische Nische gefunden und kommen gut zurecht, bis der Sommer zurückkehrt. Und dann dürfte das blühende Leben der heißen Sonne vordringen und den ans kühlere Wetter gewöhnten Lebensformen den Garaus machen. Dort draußen heißt es fressen und gefressen werden – und jede neue Nahrungsquelle dürfte heiß umkämpft sein.«

»Aber du weiß doch nicht genau ...«

»Ich weiß es nicht genau – und ich hoffe auch, daß ich mich irre. Wir wollen nur die Daumen drücken und hoffen, daß unser Glück anhält.«

Aber das war zuviel erhofft. Zuerst war die Veränderung nicht weiter auffällig, einige Verkehrsopfer, die keine große Bedeutung hatten. Nur Alzbeta schien davon betroffen.

»Die Tiere, sie wissen nichts über Maschinen. Sie kommen einfach auf die Straße und werden überfahren.«

»Wir können nichts dagegen tun. Wenn es dir etwas ausmacht, solltest du nicht hinschauen.«

»Aber ich muß hinschauen. Das gehört zu meiner Arbeit. Aber da kommen so viele kleine Kreaturen aus dem Dschungel, zum Beispiel die grünen mit den orangeroten Streifen.«

Jetzt nahm auch Jan sie wahr, zuerst vereinzelte Geschöpfe, dann Herden, die sich immer mehr vergrößerten. Die Wesen sahen aus wie obszöne Karikaturen irdischer Frösche, die zu Katzengröße angewachsen waren. Wogen schienen durch ihre Masse zu laufen, wenn sie sich mit ruckhaften Sprüngen vorwärtsbewegten.

»Eine Art Wanderung«, sagte er. »Vielleicht sind sie vor etwas auf der Flucht. Eine unangenehme Sache – aber sie können uns nicht schaden.«

Oder doch? Noch während er die Worte aussprach, wurde Jan von Unruhe befallen. Vom vagen Schimmer einer Erinnerung. Worum ging es? Was war es? Doch jeder Zweifel erforderte größte Vorsicht. Er schaltete die Geschwindigkeitskontrollen aus und nahm den Beschleuniger zurück, dann wandte er sich zum Mikrofon.

»Anführer an alle Züge. Zurücknahme Geschwindigkeit um zwanzig Kilometer, sofort!«

»Was ist los?« fragte Alzbeta.

Die Straße verschwand nun beinahe völlig unter der Masse der Geschöpfe, die darüber hinströmte, ohne sich um die heranrollenden tödlichen Räder zu kümmern.

»Natürlich!« brüllte Jan ins Mikrofon. »Alle Fahrer, halt, sofort *halt!* Aber ohne Bremsen. Langsam den Antrieb zurücknehmen, bis auf Null, aber die Belastungsanzeigen für die Kupplungen im Auge behalten, sonst laufen die Wagen im Zickzack aus der Spur. Ich wiederhole. Fahrt verlangsamen ohne Bremsen, Kupplungsdruck beobachten, Bugradar im Auge behalten, damit niemand auffährt.«

»Was ist los? Was stimmt nicht?« meldete sich Eino aus dem Maschinenraum.

»Die Straße ist von Tieren bedeckt, viele tausend, wir überfahren und zerquetschen sie ...«

Jan stockte, als die Maschine zur Seite zu rutschen begann. Sein Arm zuckte vor, seine Finger unterbrachen die Automatiksteuerung und umfaßten das Steuerrad.

»Es ist, als führen wir auf Eis ... keine Bodenhaftung mehr ... die Räder fangen an, auf den toten Tieren zu rutschen!«

Und die Wagen gingen ebenfalls aus der Spur. Auf den Monitorschirmen sah Jan, daß der ganze Zug sich wie eine Schlange zu winden begann: die Wagen rutschten, und der Steuercomputer versuchte sie in einer Reihe zu halten.

»Nehmt den Computer aus den Steuerschaltungen!« wies Jan die anderen Fahrer an und legte gleichzeitig den Schalter um. Er gab Gas, und die beschleunigende Maschine machte dem Schlängeln zunächst ein Ende. Wieder begann er langsam, langsam die Geschwindigkeit zu drosseln, wobei der Zug nun durch ein lückenloses Meer hüpfender Tiere fuhr.

»Jan, paß auf!«

Alzbetas Schrei ließ ihn zusammenfahren, und er sah, daß die Straße, die bisher schnurgerade gewesen war, weiter vorn zu einer weiten Kurve ansetzte. Kein Problem – normalerweise. Aber was war jetzt, wo die Straßenoberfläche ölglatt war?

Die Geschwindigkeit ging herunter – aber nicht schnell genug. Sie lagen schon bei fünfzig, und die Zeiger fielen weiter. Und die Biegung begann.

Jan hatte die Steuerung noch auf Handbetrieb, doch er mußte den Computer wieder einschalten, damit die Wagen seines Zuges die Steuermanöver exakt nachvollzogen. Eine kurze Verlagerung des Lenkrades, dann zurück in die Mitte. Die denkbar weiteste Kurve, an der Innenseite der Kurve beginnend und langsam nach außen treibend. Halb hindurch, beinahe schon am Straßenrand. Geschwindigkeit auf vierzig ... fünfunddreißig. Ein wenig mehr Gegensteuerung. In Ordnung, wenn er es halten konnte.

Ein schneller Blick auf die Schirme verriet ihm, daß die Wagen etwas schlängelten, ihm aber folgten. Beinahe war er durch. Es dröhnte, als sie über verkohlte Baumreste fuhren. Gut. Das erhöhte die Haftung der Reifen. Gleich am Straßenrand begann der Dschungel – eine steile Böschung und weiter unten Wasser oder ein Sumpf.

»Die Geschöpfe auf der Straße – es scheinen weniger zu werden«, meldete Alzbeta. »Sie kommen nur noch in kleineren Gruppen.«

»Hoffentlich hast du recht.« Zum erstenmal spürte Jan die Verkrampfung seiner Hände, die mit dem Lenkrad kämpften.

»Zehn Kilometer, Wagen halten Spur.«

»Ich kann's nicht halten!«

Die Worte brachen aus dem Lautsprecher hervor, ein Schrei der Verzweiflung.

»Wer sind Sie? Identifikation!« brüllte Jan ins Mikrofon.

»Zug zwei ... Wagen schieben sich zusammen, habe Bremsen voll an, gleiten weiter ... die Böschung!«

Automatisch brachte Jan seinen Zug zum Halten, als der Schmerzensschrei gellte. Krachen und Bersten. Dann Stille.

»Alle Züge halt!« befahl Jan. »Meldungen nur, wenn es Probleme gibt. Berichte.«

Der Lautsprecher gab ein statisches Zischen von sich, sonst war nichts zu hören.

»Zug zwei – können Sie mich hören? Bitte antworten Sie – machen Sie Meldung.« Schweigen. Nichts. »Zug drei – haben Sie angehalten?« Diesmal gab es eine Reaktion.

»Hier drei. Einwandfrei gehalten. Keine Probleme. Die Biester schwemmen immer noch über die Straße. Vor uns eine breite Spur zerquetschter, blutiger Leiber ...«

»Das genügt, drei. Fahren Sie an, Minimumgeschwindigkeit. Geben Sie mir Lagebericht, sobald Sie Zug zwei in Sicht haben.« Jan schaltete auf interne Verbindung. »Hyzo, bekommen Sie Zug zwei überhaupt nicht mehr rein?«

»Ich versuche es«, meldete sich der Kommunikationsoffizier. *»Kein Signal von der Maschine. Chun Taekeng hat ein eigenes Funkgerät im Zug, aber er meldet sich ebenfalls nicht.«*

»Versuchen Sie es weiter ...«

»Moment. Eben kommt ein Signal, ich stelle durch ...«

Die Stimme klang erstickt, verängstigt: *»... was passiert ist. Leute wurden verletzt, als wir anhielten. Schickt den Arzt ...«*

»Hier spricht der Zugmeister. Wer ist da?«

»Jan? Hier Lee Ciou. Wir hatten eine Notbremsung, und es gibt Verletzte ...«

»Zuerst etwas anderes, Lee. Seid ihr noch luftdicht – und funktioniert die Klimaanlage?«

»Soweit ich weiß, ja. Und ich hoffe, daß wir dicht sind, denn der Boden draußen ist mit irgendwelchen Viechern bedeckt. Die kriechen über die Wagen, über alle Fenster.«

»Die können Ihnen nichts anhaben, solange sie nicht in die Wagen kommen. Verschaffen Sie sich eine Zustandsmeldung aus den anderen Wagen und geben Sie mir möglichst schnell Bescheid. Ende.«

Jan saß reglos und konzentriert vor seinen Kontrollen und starrte durch die Windschutzscheibe. Mit der Faust hieb er auf das Steuerrad. Der Zug hatte sich zusammengeschoben – aber Energie gab es noch. Der Generator der Zugmaschine funktionierte also weiter. Wenn das so war – warum meldete sich dann die Besatzung nicht? Was hatte das Funkgerät außer Betrieb gesetzt? Er konnte sich nicht vorstellen, was geschehen war – doch etwas lag auf der Hand, er brauchte bei diesem Problem Hilfe. Und er hatte bereits kostbare Minuten verschwendet.

»Hyzo«, rief er ins Interkom. »Setzen Sie sich mit den Panzern in Verbindung. Sofort. Sagen Sie Bescheid, daß wir Schwierigkeiten mit einem Zug haben und vermutlich ein paar Kraftpakete brauchen, um da wieder herauszukommen. Die beiden größten Panzer sollen mit reichlich Trossen versehen zurückfahren. Abmarsch sofort und mit Höchstgeschwindigkeit.«

»In Ordnung. Ich habe Zug drei in der Leitung.«

»Stellen Sie durch.«

»Ich sehe jetzt Zug zwei. Die Wagen kreuz und quer auf der Straße, einige sind sogar in den Dschungel gedrückt worden. Ich habe gestoppt, dicht hinter dem letzten Wagen.«

»Sehen Sie die Maschine?«

»Negativ.«

»Gibt's eine Möglichkeit, mit Ihrem Zug vorbeizukommen?«

»Unmöglich. Ein totales Durcheinander. Ich habe so etwas noch nicht ...«

»Ende.«

Als Jan abschaltete, meldete sich Hyzo als Kommunikationsoffizier.

»Ich habe Lee Ciou aus Zug zwei. Hier ist er.«

»Jan, können Sie mich hören? Jan ...«

»Was haben Sie festgestellt, Lee?«

»Ich habe mit dem anderen Wagen gesprochen. Es wird dort laut herumgebrüllt, und man versteht nicht viel, aber ich glaube nicht, daß es Tote gegeben hat. Noch nicht. Einige Fenster sind eingedrückt, aber Chun Taekeng evakuiert in unseren Wagen. Und was noch wichtiger ist, ich bin auf der Innenschaltung zum Maschinentechniker durchgekommen.«

»Hat er Ihnen gesagt, was schiefgegangen ist?«

»Es sieht sehr schlimm aus. Ich kann Sie durchstellen.«

»Schön, Vilho, sind Sie da? Vilho Heikki, melden Sie sich.«

Es knisterte und knatterte im Lautsprecher, dann meldete sich eine ferne Stimme durch die Störungen.

»Jan ... es hat 'nen Unfall gegeben. Ich war im Maschinenraum, als wir zu rutschen anfingen. Ich hörte, wie Turtu etwas brüllte – dann prallten wir auf. Gegen etwas Kompaktes. Dann das Wasser, und Arma ...«

»Vilho, Sie werden immer leiser. Können Sie nicht lauter sprechen?«

»Ziemlich schlimmer Bruch. Ich wollte eben die Leiter hoch als ich das Wasser sah. Es kam durchs Luk. Vielleicht hätte ich sie rausschaffen sollen. Aber sie meldeten sich nicht. Und das Wasser kam rein. Ich habe also das Luk zugemacht und verriegelt ...«

»Das war genau das Richtige. Sie mußten an den Rest des Zuges denken.«

»Ja, ich weiß ... aber Arma Nevalainen ... sie war Beifahrerin ...«

Jan hatte keine Zeit, darüber nachzudenken. Daß sein Plan, Frauen zu Beifahrern zu machen, eben einer Frau das Leben gekostet hatte. Er mußte an die anderen denken, die an Bord des Zuges noch in Gefahr waren.

»Können Sie die Energie halten, Vilho?«

»Bis jetzt läuft alles im Grün. Die Maschine steht ziemlich schräg auf dem Kopf. Wir müssen mit dem Bug in den Sumpf gefahren sein. Die Fahrerkontrollen, die Funkanlage, alles zerstört. Der Generator dreht sich aber noch, die Kühlanlage muß noch aus dem Wasser ragen, und ich kann dem Zug von hier aus Energie liefern. Zumindest noch einige Zeit ...«

»Was soll das heißen?«

»Die Klimatisierung klappt nicht mehr. Die Temperatur steigt ziemlich schnell.«

»Halten Sie noch durch! Ich hole Sie raus, so schnell ich nur kann.«

»Was hast du vor?« rief Alzbeta hinter Jan her.

»Es gibt nur eine Möglichkeit. Du hast das Kommando, bis ich zurück bin. Wenn es Probleme gibt, wird Hyzo dir helfen. Wenn die Panzer kommen, leite sie direkt zur Maschine von Zug zwei, ich bin dort.«

Während Jan in einen Kühlanzug stieg, bündelte Eino einen zweiten Anzug zusammen.

»Eigentlich müßte ich gehen, Jan«, sagte er.

»Nein. Sie kümmern sich um die Energie. Ich muß mich darum kümmern.«

Er stieg eilig durch das hintere Luk des Maschinenraums ins Freie und hörte, wie Eino vor der brennend heißen Luft hastig die Öffnung verschloß. Ohne Eile – doch auch ohne überflüssige Bewegungen, löste Jan das Motorrad aus der Halterung, schnallte den zweiten Kühlanzug darauf fest und senkte das Zweirad auf die Straße. Erst dann wurde ihm die ekelerregende Schicht bewußt, die die Straßenoberfläche bedeckte.

Hinter der Maschine begann die Hölle. Die Geschöpfe waren zerquetscht, zermalmt und verschmiert worden. Einige verletzte Überlebende, von ihrem seltsamen Drang besessen, mühten sich verzweifelt ab, in den Dschungel zu kommen. Das schwammige blaue Fleisch und Blut der anderen bedeckte die Straße. Dicht hinter der Zugmaschine war es noch einigermaßen erträglich, doch als er sich auf das Motorrad schwang und an den Wagen entlang nach hinten fuhr, wurde es immer schlimmer. Die breiten Räder des Zugs hatten eine scheußliche Szene geschaffen. An den Stellen, wo die Wagen ins Rutschen gekommen waren, war die Schicht der zermalmten Körper besonders breit. Jan mußte schließlich auf die Innenseite der Straßenbiegung hinüberfahren, dicht an der verbrannten Vegetation entlang, um überhaupt noch Halt für die Reifen zu finden. Es war ein gefährlicher Kurs, doch anders kam er nicht voran. In langsamer Fahrt passierte er seinen Zug und fuhr weiter in die Kurve.

Plötzlich sprang etwas Großes, Klauenbewehrtes auf ihn zu, ein tödlich wirkendes Wesen.

Jan erhaschte nur einen kurzen Blick auf das Geschöpf, das sich hoch aufrichtete, er drehte auf volle Kraft, und das Motorrad raste los, beschleunigte, trug ihn von dem Ungeheuer fort, dabei heftig zur Seite ausbrechend. Jan versuchte gegenzusteuern, ließ seine Stiefel durch die glitschige Schicht gleiten und riskierte dabei einen hastigen Blick über die Schulter. Sofort verlangsamte er die Fahrt wieder. Das Monstrum schien ihn vergessen zu haben; ruhig fraß es von den zerdrückten Tierkadavern.

Vor ihm ragte Zug zwei auf; ein erschreckender Anblick. Im Zickzack standen die Wagen auf der ganzen Breite der Straße und zu beiden Seiten im Dschungel. Die Zugmaschine war über den Rand gefahren und hing mit dem Bug nach unten im Sumpf.

Jan vergaß die Beschaffenheit der Straße, während er sich vorsichtig der Maschine näherte. Die Ursache des Unglücks wurde sofort augenscheinlich. Ein großer Baum war verbrannt und von der Straße geschoben worden. Er lag quer vor der Zugmaschine; beim Absturz war ein dicker Aststumpf durch das Panzerglas der Fahrerkabine gedrückt worden. Ein schneller Tod für die Fahrer.

Es würde keine Kleinigkeit sein, die ungeheure Masse aus dem Sumpf zu ziehen. Aber das kam später. Zuerst mußte Vilho in Sicherheit gebracht werden. Jan stoppte hinter der Zugmaschine und stieg dann vorsichtig an den Trossen empor, den zweiten Kühlanzug unterm Arm. Er spürte die Hitze des Metalls trotz der dicken Handschuhe und fragte sich, ob der Techniker drinnen überhaupt noch am Leben war. Höchste Zeit, dies festzustellen. Er öffnete die Abdeckung des Sprechgeräts neben dem Heckeingang und brüllte hinein.

»Vilho, hören Sie mich? Vilho, bitte melden!«

Er mußte seine Worte zweimal wiederholen, ehe knisternd eine schwache Stimme ertönte.

»Heiß ... Brennen ... kann nicht atmen.«

»Es wird gleich noch viel heißer, wenn Sie nicht tun, was ich Ihnen sage. Ich kann die Tür nicht allein öffnen; Sie müssen sie von innen verriegelt haben. Vilho, Sie müssen den Riegel öffnen. Die

Tür liegt außerhalb des Wassers. Geben Sie Bescheid, wenn Sie sie entriegelt haben!«

Von drinnen ertönte ein langsames Kratzen, und es schien eine Ewigkeit zu vergehen, bis sich der eingeschlossene Techniker wieder meldete.

»Es ist offen ... Jan.«

»Dann sind Sie beinahe schon durch. Treten Sie so weit wie möglich von der Tür zurück. Ich muß schnell hinein und hinter mir zumachen. Ich habe einen Kühlanzug für Sie. Sobald Sie den angezogen haben, ist alles in Ordnung. Ich zähle bis fünf, dann komme ich.«

Bei *fünf* trat Jan die Tür auf und ließ sich hindurchfallen, dabei hielt er den Kühlanzug vor sich. Wegen der Schräglage der Maschine fiel es ihm schwer, die Metalltür wieder zu schließen, doch es gelang ihm, die Füße gegen das Maschinenfundament zu stemmen und mit den Schultern zu drücken. Mit dumpfem Laut schloß sich das Luk. Vilho kauerte reglos an der gegenüberliegenden Wand. Als Jan an ihm zu zerren begann, öffnete er die Augen und versuchte ihm mit schwachen Bewegungen zu helfen, während Jan ihm den Kühlanzug über die Beine zog, Arme hinein, Helm aufgesetzt, vorn zugezogen, volle Kühlleistung. Als die kalte Luft sich bemerkbar machte, lächelte der Techniker ihn durch die Sichtscheibe an und hob zitternd einen Daumen.

»Ich dachte schon, ich wäre weichgekocht. Vielen Dank ...«

»Dank Ihres Einsatzes sind alle Leute im Zug noch am Leben. Kann die Maschine sie weiter mit Strom versorgen?«

»Das ist kein Problem. Ich habe alles überprüft und auf Automatik gestellt, ehe die Hitze mich fertigmachte. Ein robustes Monstrum.«

»Dann kommen wir aus dieser Sache vielleicht mit einem blauen Auge heraus. Die Panzer sind bereits unterwegs. Jetzt wollen wir den Wagen suchen, in dem sich Lee Ciou befindet, und nachschauen, was da läuft. Er hat Funkkontakt zu meiner Maschine.«

»Das wäre Nummer sechs hier am Zug.«

Die beiden Männer marschierten am Zug entlang und stiegen dabei über die in der Hitze schnell verwesenden Kadaver der Tiere, die den Unfall ausgelöst hatten. Die Wagen standen zwar kreuz und quer und nahmen die gesamte Breite der Straße ein, die Kupplungen und sonstigen Verbindungen schienen aber noch intakt zu sein, ein Zeichen für die gute Arbeit der längst verstorbenen Ingenieure, die hier am Werk gewesen waren. Die Menschen drinnen winkten aufgeregt beim Anblick der beiden Gestalten, und sie lächelten und erwiderten das Winken. Das zornige Gesicht Chun Taekengs erschien an einem der Fenster, und die Lippen bewegten sich mit Flüchen, die draußen nicht zu hören waren. Er schüttelte drohend die Faust und regte sich noch mehr auf, als Jan zurückwinkte und breit lächelte.

Vilho schaltete das Außentelefon ein, als sie die Tür erreichten, und sie brüllten eine Weile hinein, bis jemand Lee Ciou holen ging.

»Hier Jan. Können Sie mich hören, Lee?«

»Ist das Vilho da neben Ihnen? Dann sind die Fahrer ...?«

»Tot. Wahrscheinlich sofort umgekommen. Wie geht es den Leuten im Zug?«

»Besser, als wir zuerst angenommen hatten. Außer ein paar Knochenbrüchen ist nichts passiert. Der beschädigte Wagen ist evakuiert und versiegelt worden. Chun Taekeng hat einige schwerwiegende Beschuldigungen auf dem Herzen ...«

»Das kann ich mir vorstellen. Er hat uns eben zugewinkt, als wir vorbeikamen, und zwar nicht gerade leutselig. Wie steht's mit den Panzern?«

»Die müßten jeden Augenblick hier sein.«

Dann schaffen wir's vielleicht, sagte sich Jan. Dann bekommen wir die Leute vielleicht lebendig hier heraus. Aber leicht würde es nicht werden. Zwei Tote. Die Fahrer mußten ersetzt werden. Wie ließ sich die Windschutzscheibe reparieren? Es gab so viel zu tun. Und jetzt schon drohte ihn die Müdigkeit zu überwältigen.

9

Als die beiden Tanks herbeirasselten, hatte Jan seinen Rettungsplan bereit und auch schon die Vorbereitungen eingeleitet. Er winkte die beiden Kolosse zur Seite, lehnte sein beinahe abgefahrenes Motorrad gegen die zerkratzten Fahrketten des ersten Panzers und stieg erschöpft in die Fahrerkabine hinauf. Zum erstenmal seit Stunden öffnete er den Helm seines Kühlanzuges und atmete tief die kühle Luft.

»Totales Chaos«, sagte Lajos und betrachtete den gestrandeten Zug.

»Kaltes Wasser, einen ganzen Eimer«, sagte Jan und redete erst wieder, als er einen ganzen Liter der lebensspendenden Flüssigkeit getrunken hatte. »Zwei Tote sind zwar schlimm genug, aber es hätte viel schlimmer kommen können. Jetzt wollen wir alles tun, daß die Lebendigen am Leben bleiben. Geben Sie mir den Block da. Ich zeichne Ihnen auf, was wir tun werden.«

Mit schnellen Strichen zeichnete er die Umrisse der auf dem Bug stehenden Maschine und der ersten Wagen des Zuges, dann klopfte er mit dem Stift auf den Wagen.

»Hier müssen wir die Stromverbindungen lösen, darum kümmern sich die Leute in diesem Augenblick. Die Maschine von Zug drei ist dicht an den letzten Wagen dieses Zuges herangefahren, und ich lasse da hinten einige Notverbindungen nach vorn schalten. Die geleistete Energie reicht gut für beide Züge. In diesem Augenblick ist Vilho dort unten und löst die Energie- und Kommunikationsschaltungen, allerdings ohne die Kupplung zu öffnen. So schräg wie die Maschine steht, gehe ich davon aus, daß sie nur noch vom Gewicht des Zuges davon abgehalten wird, ganz in den Sumpf zu stürzen. Sie werden jetzt zwei 500-Tonnen-Trossen von diesem Panzer zur Maschine spannen und sie hier und hier festmachen. Dann so weit zurückfahren, daß sich die Trossen wirklich spannen, anschließend die Fahrketten sperren. Wenn das passiert ist, können wir den Zug abkoppeln, und der andere Panzer kann die Wagen weit genug wegziehen, daß wir an die havarierte Maschine herankommen. Dann bringen wir zwei weitere Trossen an, beide Panzer ziehen los, und auf Signal schleppen wir den Brocken heraus.«

Lajos schüttelte besorgt den Kopf. »Hoffentlich haben Sie recht. Aber wir haben da 'ne Menge Gewicht zu bedenken. Kann denn die Zugmaschine nicht mithelfen? Die Räder ein bißchen rückwärts drehen oder so?«

»Unmöglich. Vom Maschinenraum aus ist eine Steuerung der

Räder nicht möglich. Vilho kann allerdings die Bremsen öffnen und schließen, auf unser Kommando, er hat dafür Hilfskontrollen geschaffen, aber mehr können wir nicht erwarten.«

»Dann hat es keinen Sinn, länger zu zögern«, meinte Lajos. »Wir sind bereit.«

»Noch einen Schluck Wasser, dann legen wir los.«

Es war eine unangenehme und anstrengende Arbeit, die durch die sengende Hitze noch zusätzlich erschwert wurde. Mit den dicken Handschuhen der Kühlanzüge ließen sich die Trossen nur schwer bedienen. Die Männer arbeiteten ohne Pause, bis schließlich alles erledigt war. Als die Trossen festgemacht waren, wurde der Zug abgekuppelt; die Trossen zum Panzer knackten, als sie die Last übernahmen. Aber sie hielten. Der andere Panzer hatte bereits eine Verbindung zur Vorderachse des Wagens und schleppte ihn aus dem Weg. Infolge des Winkels mußte dieser erste Wagen seitwärts geschleppt werden, bis er um die Maschine herum war. Normalerweise ein unmögliches Unterfangen, jetzt aber erleichtert wegen der grünen Kadaver, die zu dem Unglück geführt hatten. Ächzend und schwankend bewegte sich der Wagen schwerfällig über die Straße und kam frei. Kaum reichte der Platz aus, als der Panzer die Trosse freigab und am Rand der Straße in Position rollte.

»Alle Trossen fest.« Endlich kam das Signal. Jan saß in der Fahrerkabine des zweiten Panzers und steuerte die langsame, aber doch schwierige Unternehmung.

»In Ordnung, ich rolle jetzt zurück, um meine Trossen zu straffen. Na bitte. Eins, ist bei euch noch alles gespannt?«

»Ja.«

»Gut. Wenn ich ›*los!*‹ sage, ziehen Sie an. Habe ich Kontakt mit Vilho an den Bremsen?«

»Ich höre Sie, Jan.«

»Behalten Sie die Hand am Hebel. Wir nehmen Ihr Gewicht jetzt an die Trossen. Wenn die Belastungsanzeigen 300 melden, rufe ich ›*Bremsen*‹, und dann öffnen Sie die Bremsen. Verstanden?«

»Kein Problem. Schleppen Sie mich nur hier raus. Mir ist nicht nach einem Bad zumute.«

Ein Bad. Wenn eine Trosse brach oder sie die Maschine nicht

halten konnten, würde sie tiefer ins Wasser rutschen. Dann hatte Vilho keine Chance mehr, ins Freie zu klettern. Man durfte nicht daran denken. Jan wischte sich mit dem Unterarm den Schweiß aus dem Gesicht – wie konnte es im klimatisierten Panzer heiß geworden sein? – und gab den Befehl.

»Jetzt geht es los. Das Signal heißt, eins, zwei, drei – *los!*«

Maschine und Getriebe mahlten, als Kraft auf die Fahrketten gegeben wurde. Langsam bewegten sie sich rückwärts, um ein Glied weiterklickend, als die Trosse sich unter der Last streckte. Jan beobachtete die Belastungsanzeige, auf der die Ziffern vorüberblitzten. Als 299 zu verschwinden begann, brüllte er ins Mikrofon.

»*Bremsen!* Jetzt! Zieht weiter, weitermachen!«

Die Maschine bewegte sich, verlagerte sich etwas zur Seite – und kam wieder zur Ruhe. Die Belastung nahm weiter zu und näherte sich den kritischen Werten für die Trossen. Natürlich gab es einen Sicherheitsfaktor, das Schleppen konnte weitergehen. Jan sah sich die Anzeige nicht an, als er den Antrieb noch mehr verstärkte. Die Trossen vibrierten vor Anspannung – und die Maschine kam in Bewegung. Rollte langsam rückwärts.

»Richtig so! Weitermachen! Behaltet die Vorderräder im Auge, wenn sie über die Kante kommen, dann müssen Sie schleunigst runterschalten. Gleich ist es soweit ... *jetzt!*«

Es war geschafft. Jan leistete sich einen tiefen Atemzug, ehe er das nächste Problem in Angriff nahm. Die zerstörte Fahrerkabine und die darin liegenden toten Piloten. Er war erschöpfter, als er sich eingestehen wollte, als er langsam seinen Kühlanzug anlegte.

Es gab ein Begräbnis, eine kurze Feier, aber immerhin ein Begräbnis, begleitet von den wenigen Männern, die Kühlanzüge zur Verfügung hatten. Dann sofort wieder an die Arbeit. Die Fahrerkabine wurde ausgepumpt und gesäubert, und Jan sah sich den Schaden an. Notkontrollen konnten eingerichtet und später verbessert werden. Er überwachte die Arbeiten persönlich, obwohl er sich vor Müdigkeit kaum noch auf den Beinen halten konnte. In der Mitte einer schweren Stahlplatte wurde ein kleines Ersatzfenster angebracht, und das Ganze notdürftig, aber luftdicht über das zerschmetterte Frontfenster geschweißt. Der Fahrer würde nicht viel sehen können, aber wenigstens konnte er etwas sehen. Die Klimaanlage begann wieder zu arbeiten, und die Fahrerkabine kühlte ab und begann zu trocknen. Ersatz-Kontrollgeräte wurden geholt und angeschlossen. Während dies geschah, richteten die Panzer behutsam den verrutschten Zug wieder aus; anschließend wurden alle Kupplungen überprüft. Anscheinend hatte es keine weiteren Schäden gegeben. Es durften keine weiteren Probleme auftreten.

Viele Stunden später setzten die Züge sich wieder in Bewegung. Mit erheblich reduzierter Geschwindigkeit, bis die Reparaturen endgültig vorgenommen werden konnten. Jedenfalls waren sie wieder unterwegs. Jan merkte davon nichts. Er war auf der Koje im Maschinenraum zusammengebrochen; er schlief schon, ehe sein Kopf das Kissen berührte.

Als er Stunden später erwachte, war es dunkel. Mit schmerzenden Gliedern kletterte er in die Fahrerkabine hoch. Otakar saß am Steuer, das Gesicht grau vor Erschöpfung.

»Otakar, gehen Sie nach unten und schlafen Sie!« befahl Jan.

»Mir geht es gut ...«

»Ganz und gar nicht«, sagte Alzbeta nachdrücklich. »Er hat veranlaßt, daß wir übrigen uns hinlegten, aber selbst hat er noch nicht geschlafen.«

»Sie hören, was die Dame gesagt hat«, sagte Jan. »Ab mit Ihnen!«

Otakar war zu müde, um sich zu streiten. Er nickte und kam der Aufforderung nach. Jan ließ sich in den leeren Sitz gleiten und überprüfte die Kontrollen und das automatische Logbuch.

»Wir kommen allmählich zum schlimmsten Teil der Reise«, sagte er düster.

»Wir kommen erst hin!« Alzbeta sah ihn entsetzt an. »Wie würdest du das bezeichnen, was wir eben durchgemacht haben?«

»Normalerweise wäre dies ein leichtes Wegstück gewesen. Die Lebensformen, auf die wir hier stoßen, machen gewöhnlich keinen Ärger. Aber wir sind fast zwei Monate später dran diesmal. Das Stück, das vor uns liegt, ist im Grunde das schlimmste. Dort finden wir die Bewohner des ewigen Sommers. Genug Energie von der grellheißen Sonne dort oben, überreichlich Nahrung in Form anderer Lebewesen ringsum. Töten und getötet werden – ein endloser Zyklus.«

Alzbeta warf einen Blick auf den Dschungel jenseits der verbrannten Zonen links und rechts der Straße und erschauderte. »So habe ich das noch nie gesehen«, sagte sie mit leiser Stimme. »Von hier oben in der Maschine sieht alles ganz schrecklich aus – das Unbekannte scheint auf uns zuzurasen. Wenn man das aus einem Seitenfenster betrachtet, wirkt es ganz anders.«

Jan nickte. »Es bekümmert mich, wenn ich dich weiter belasten muß – aber es gibt dort draußen schlimmere Dinge, als wir sehen können. Tierformen, die noch niemand untersucht oder gar katalogisiert hat. Das letztemal stellte ich in dieser Zone für einige Stunden Netze aus und erwischte damit mindestens tausend verschiedene Insektenarten. Es muß viele weitere zehn- oder hunderttausend Insektenarten geben. Die Tiere bekommt man nicht so leicht zu Gesicht – aber sie sind da. Allesfressende Wesen, die angreifen, was sich ihnen in den Weg stellt. Deshalb machen wir hier nie Rast, sondern warten damit bis wir draußen auf den Inseln sind.«

»Die Insekten – warum wolltest du sie fangen? Sind sie zu etwas nütze?«

Jan lachte nicht über ihre naive Frage, er lächelte nicht einmal. Was sollte sie schon wissen, die auf dieser abgestorbenen Welt aufgewachsen war? »Die Antwort ist ja und nein. Nein, die Insekten sind nicht in dem Sinne zu etwas nütze, wie wir den Begriff normalerweise sehen. Wir können sie nicht essen oder sonstwie einsetzen. Andererseits ja, denn das Streben nach Wissen ist etwas Eigenständiges. Wir leben hier auf diesem Planeten infolge des Strebens nach Erkenntnis und den daraus folgenden Entdeckungen. Obwohl das vielleicht nicht das beste Beispiel ist, das man anführen könnte. Du mußt es dir so vorstellen ...«

»Defektmeldung von Zug acht!« rief Hyzo von der Kommunikationsanlage herüber. »Ich stelle Sie durch.«

»Meldung!« sagte Jan.

»Bei uns scheinen sich Luftfilter verstopft zu haben.«

»Sie kennen die Anweisungen. Zumachen und die Luft aus dem Kreislauf nehmen.«

»Das haben wir mit einem Wagen getan, aber es gibt Beschwerden, daß die Luft kaum zu atmen sei.«

»Solche Klagen kommen doch immer. Die Wagen sind nicht luftdicht. Es kommt genug Sauerstoff herein. Egal wie übel die Luft riecht, es kann nichts passieren. Sie dürfen auf keinen Fall, ich wiederhole: auf *keinen* Fall zulassen, daß Fenster geöffnet werden.« Jan unterbrach die Verbindung und wandte sich an Hyzo: »Können Sie mir eine Verbindung zu Lajos in den Panzern herstellen?«

Der Kontakt kam sofort zustande: Lajos schien erschöpft zu sein.

»Die Bäume hier sind bis zu zehn Metern dick – das Durchbrennen kostet Zeit.«

»Dann machen Sie die Fahrbahn schmaler. Wir sind kaum noch fünf Stunden hinter Ihnen.«

»Die Vorschriften ...«

»Zum Teufel mit den Vorschriften! Wir haben es eilig. Wir kommen ziemlich bald zurück, dann können wir die Fahrbahn verbreitern.«

Während des Sprechens stellte Jan den Autopiloten neu ein und steigerte dabei das Tempo um zehn Stundenkilometer. Otakar warf einen Blick auf das Tachometer, sagte aber nichts.

»Ich weiß«, meinte Jan, »wir fahren schneller als ratsam ist. Aber da hinten leben Leute auf engstem Raum zusammen, sie sitzen sich dichter im Nacken als jemals zuvor. Bald wird es dort stinken wie in einem Zoo ...«

Das Bugradar piepte warnend, als sie um eine Biegung kamen. Jan schaltete die Automatik aus. Etwas Großes befand sich auf der Straße, es war aber nicht groß genug, um die Maschine aufhalten zu können. Das Geschöpf bäumte sich in Angriffstellung auf, während das Fahrzeug mit unvermindertem Tempo weiterfuhr. Alzbeta japste. Ein kurzer Blick auf einen Körper, flaschengrün, mit viel zu vielen Beinen, Klauen und langen Zähnen – dann prallte die Maschine auf.

Es gab ein Dröhnen, dann ein Ruckeln, als der Körper unter den Rädern zermalmt wurde, dann war es vorbei. Jan schaltete den Autopiloten wieder ein. »Wir dürfen nicht anhalten. Auf keinen Fall.«

Es waren noch keine drei Stunden vergangen, als der Alarm kam. Wieder meldete sich Zug acht. Irgend jemand brüllte so laut, daß die Worte kaum zu verstehen waren.

»Wiederholen Sie!« überschrie Jan die heisere Stimme des anderen. »Sprechen Sie langsam, wiederholen Sie, wir verstehen Sie nicht!«

»... sie gebissen ... jetzt bewußtlos, alles angeschwollen. Wir halten an, holen den Arzt aus Nummer vierzehn.«

»Sie halten *nicht* an! Das ist ein Befehl. Der nächste Halt auf den Inseln.«

»Wir müssen, die Kinder ...«

»Ich setze persönlich jeden Fahrer an der Straße ab, der in diesem Streckenabschnitt hält! Was ist mit den Kindern?«

»Irgendein Insekt hat sie gebissen, große Dinger, wir haben sie getötet.«

»Wie sind die in den Wagen gekommen?«

»Das Fenster ...«

»Ich habe den Befehl gegeben, daß die Fenster auf keinen Fall geöffnet werden dürfen!« Jan umklammerte das Lenkrad so kräftig, daß seine Knöchel weiß hervortraten. Er machte einen tiefen Atemzug. »Offene Schaltung. An alle Wagenkommandanten. Überprüfen Sie sofort, ob alle Fenster geschlossen sind. *Alle* müssen geschlossen sein. Zug acht. In jedem Wagen gibt es ein Schutzmittel gegen Insektenbisse. Wenden Sie das sofort an.«

»Haben wir längst getan, aber es scheint bei den Kindern nicht zu wirken. Wir brauchen den Arzt!«

»Den kriegen Sie nicht. Wir halten nicht. Er kann ohnehin nichts anderes tun, als das Mittel zu geben. Lassen Sie sich zu ihm durchschalten, beschreiben Sie die Symptome. Er hilft Ihnen so gut er kann. Aber wir halten nicht an.«

Jan schaltete das Funkgerät ab. »Wir können nicht anhalten«, sagte er leise vor sich hin. »Begreifen die das nicht? Wir können nicht anhalten.«

Nach Einbruch der Dunkelheit regte sich noch mehr Leben auf der Straße, Geschöpfe, die reglos in die Scheinwerfer starrten, bis sie unter den breiten Rädern verschwanden. Gebilde, die urplötzlich aus der Dunkelheit auftauchten und an der Windschutzscheibe zerschellten. Die Züge fuhren weiter. Erst bei Beginn der

Dämmerung erreichten sie die Berge und den Tunnel, in dessen dunkle Öffnung sie sich stürzten, als würden sie darin Schutz suchen. Durch den Tunnel führte die Straße bergauf, und als sie wieder ins Freie kamen, befanden sie sich auf einem öden Hochplateau, einer Gesteinsebene, die früher eine Bergspitze gewesen war. Zu beiden Seiten der Straße standen die Panzer, deren erschöpfte Fahrer sich schlafen gelegt hatten. Jan verlangsamte die Fahrt, bis der letzte Zug aus dem Tunnel gekommen war, dann gab er das Zeichen zum Halten. Als die Bremsen angezogen und die Motoren abgeschaltet waren, meldete sich summend das Funkgerät.

»Hier Zug acht. Wir hätten jetzt gern den Arzt.« Kalte Verbitterung lag in der Stimme. *»Wir haben sieben Kranke. Und drei Kinder sind tot.«*

Jan blickte in die Morgendämmerung hinaus, damit er Alzbetas Gesicht nicht sehen mußte.

10

Zu zweit aßen sie an einem Klapptisch hinten in der Maschine. Die Straße verlief gerade und flach, und Otakar saß allein am Steuer. Wenn sie sich leise unterhielten, konnte er nichts verstehen. Hyzo befand sich unten bei Eino, und die gelegentlichen Rufe und das Klatschen von Karten ließ erkennen, was sie da machten. Jan hatte keinen Appetit; trotzdem aß er, denn er wußte, daß er seine Kräfte brauchte. Alzbeta aß langsam, als merke sie gar nicht, was sie da tat.

»Ich mußte es tun«, sagte Jan und flüsterte beinahe. Sie antwortete nicht. »Verstehst du das nicht? Du hast seither kein Wort zu mir gesagt. Zwei Tage ist das jetzt her.« Sie starrte auf ihren Teller. »Jetzt antwortest du mir, oder du kehrst mit den anderen in den Wagen deiner Familie zurück.«

»Ich möchte nicht mit dir sprechen. Es war nicht nötig, daß die Kinder starben. Du hast sie umgebracht, mit deiner Sturheit.«

»Ich wußte es doch – das ist es! Ich habe es nicht getan. Sie haben ihren Tod selbst verschuldet.«

»Was wissen schon Kinder?«

»Dumme Kinder, die jetzt tot sind. Warum haben die Eltern nicht auf sie aufgepaßt? Wo war die Aufsicht? Die Familien scheinen sich auf die Vererbung von Dummheit zu konzentrieren. Alle wissen, was für eine Fauna hier im Dschungel zu finden ist. Hier wird niemals angehalten. Was hätte der Arzt erreichen können?«

»Das wissen wir nicht.«

»O doch, das wissen wir. Die Kinder wären auf jeden Fall gestorben, und vielleicht der Arzt und andere auch noch. Verstehst du nicht, daß ich keine andere Wahl hatte? Ich mußte an die anderen denken!«

Alzbeta betrachtete die Hände, die sie krampfhaft verschränkt hatte. »Ich fühle nur, daß es absolut nicht richtig war.«

»Ich weiß, ich weiß – und es ist mir auch nicht leichtgefallen. Glaubst du, ich habe seit ihrem Tod ein Auge zugemacht? Wenn es dich erleichtert, kann ich dir sagen, daß mein Gewissen aufgewühlt ist. Aber wie wäre mir zumute, wenn ich angehalten hätte und es jetzt noch mehr Tote zu beklagen gäbe? Die Kinder wären auf jeden Fall gestorben, ehe der Arzt an sie herankam. Anzuhalten hätte die Situation nur noch verschlimmert.«

»Vielleicht hast du recht. Ich weiß es nicht.«

»Und vielleicht habe ich mich geirrt. Aber falsch oder richtig – ich mußte tun, was ich getan habe. Es gab keine Alternative.«

Sie ließen das Thema auf sich beruhen; es gab keine simple Antwort. Die Fahrt ging weiter, jetzt über die Inselkette, über die eingeebneten Vulkane. Zuweilen sahen sie zu beiden Seiten den Ozean, der aus dieser Entfernung beinahe anziehend wirkte. Das brodelnde Dschungelleben war nicht auszumachen, nur die weißen Gischtreihen der Brandungswellen. Nach kurzer Zeit wuchs sich eine blaue Stelle am Horizont zu einer langen Bergkette aus. Ehe sie den südlichen Kontinent erreichten, ordnete Jan eine volle Achtstunden-Pause an. Alle beweglichen Teile, Bremsen, Reifen, Räder wurden inspiziert, die Luftfilter nochmals gereinigt, obwohl diese Maßnahme jetzt überflüssig war. Ein zweiter Dschungel lag voraus, und auch hier würde es keinen Halt geben. Dieser Dschungel war nicht so groß wie der im Norden der Inselkette, doch nicht minder lebendig.

Es war die letzte Barriere, das letzte große Risiko dieser Fahrt. Sie durchfuhren die Zone in drei Tagen, ohne anzuhalten, und gelangten in den anschließenden Tunnel. Als der letzte Zug ein gutes Stück im Tunnel war, machten sie endlich Rast und fuhren wenige Stunden später weiter. Es war der längste Tunnel auf der Strecke, der die gesamte Bergkette durchstieß. Als sie wieder ins Sonnenlicht hinauskamen, waren sie von Wüste umgeben, und Sand und Gestein funkelten im Licht der Scheinwerfer. Jan überprüfte die Außentemperatur.

»Fünfunddreißig Grad. Wir haben es geschafft! Wir sind durch! Hyzo, setzen Sie sich mit allen Fahrern in Verbindung. Wir machen eine Stunde Pause. Sie können die Türen aufmachen. Wer hinaus will, soll das tun. Aber sie sollen kein Metall berühren, das könnte noch heiß sein.«

Es war wie ein Urlaub, die Freilassung nach langer Gefangenschaft. Erregung machte sich breit. Überall an den langen Zügen knallten Türen auf, und der Exodus begann. Leitern senkten sich klappernd zur harten Oberfläche der Straße, und die Menschen riefen sich beim Hinabsteigen gegenseitig etwas zu. Es war heiß und ungemütlich – doch nach der langen, qualvollen Enge in den Wagen war es die paradiesische Freiheit. Sie stiegen alle aus, Männer, Frauen und Kinder. Sie wanderten im Widerschein der Fenster und Scheinwerfer auf und ab. Einige Kinder liefen zum Straßenrand, um im Sand zu buddeln, und Jan mußte Befehl geben, sie zurückzurufen. Abgesehen von den Klumpern gab es in der unfruchtbaren Wüste kaum Gefahren, aber er wollte keine weiteren Unfälle riskieren. Er ließ eine Stunde verstreichen; diese Zeit genügte, um die meisten erschöpft und schweißüberströmt zu den klimatisierten Wagen zurückzuholen. Nach der Ruheperiode ging die Fahrt weiter.

Der kurze Herbst des Halvmörk-Jahres war beinahe vorüber: je tiefer sie in den Süden kamen, desto kürzer wurden die Tage. Bald würde die Sonne überhaupt nicht mehr aufgehen, bald würde auf der südlichen Hemisphäre der Winter beginnen – vier lange Erdenjahre des Dämmerlichts. Die Anbau-Periode.

Die Wüste raste an den Fenstern der Wagen vorbei, und die Passagiere vergaßen die Unbequemlichkeit und schlugen vor, daß am Tag doch noch länger gefahren werden könnte. Bald würden sie zu Hause sein, und das machte dann den Mühen ein Ende.

Jan, der die erste Maschine steuerte, sah die Pfosten als erster. Die Sonne hockte auf dem Horizont, die Schatten waren lang. Seit Tagen schon waren sie von der eintönigen Sand- und Steinfläche der Wüste umgeben. Der Wechsel kam abrupt. Eine Reihe Zaunpfosten huschte vorbei, die Grenzkennzeichnungen für ein verbranntes, rissiges Feld. Zuerst kam eines in Sicht, dann ein weiteres, die umliegenden Anbauhöfe. Überall in den Zügen wurde gejubelt.

»Die große Erleichterung!« sagte Otakar. »Endlich wieder einmal am Ziel. Ich hatte langsam genug.«

Jan jubelte nicht mit; er lächelte nicht einmal. »Sie werden noch viel müder sein, ehe alles wirklich vorbei ist. Wir müssen das Korn ausladen und die Züge zurückfahren.«

»Erinnern Sie mich nicht daran! Darum wird es noch Diskussionen geben.«

»Sollen die Leute ruhig murren. Wenn dieser Planet überhaupt noch eine Zukunft hat, dann nur, weil wir das Getreide hier haben werden, wenn die Schiffe eintreffen.«

»Falls«, sagte Alzbeta.

»Ja, diese Möglichkeit dürfen wir nicht außer acht lassen. Aber wir müssen davon ausgehen, daß es geschieht. Denn wenn die Schiffe überhaupt nicht kommen, ist alles aus. Aber darüber können wir uns später Gedanken machen. Ich will euch nicht die Feier verderben. Wir wollen die Züge auf der Zentralstraße stoppen, die Bremsen anziehen und uns mal umhorchen, ob wir nicht heute abend eine Party veranstalten können. Ich glaube, dazu ist jeder in der Stimmung. Wenn wir uns alle gründlich ausgeschlafen haben, können wir das Getreide immer noch ausladen.«

Die Party war angebracht: niemand sprach sich dagegen aus. Die Lufttemperatur bewegte sich um die dreißig Grad, und so konnte im Freien gefeiert werden, wo jeder genug Bewegungsraum hatte. Als die Züge zwischen den Reihen kahler Fundamente zum letztenmal anhielten, sprangen die Türen auf. Jan sah zu, wie die Gestalten ins Dämmerlicht hinausschwärmten, dann kletterte er langsam die Sprossen der Maschine hinab.

Noch gab es Arbeit. Schon wurden die ersten Stühle herausgeholt und die ersten Tische aufgestellt. Jan begab sich zur Hinterseite des Hauptsilos. Nach dem vierjährigen heißen Sommer strahlten die dicken Mauern noch immer Hitze ab. Hoch lag der Staub vor der schweren Metalltür an der Rückwand, und er trat sich mit den Stiefeln den Weg frei. Die Tür hatte zwei getrennte mechanische Schlösser und ein elektronisches. Er setzte seine Schlüssel ein, öffnete alle drei, und drückte gegen die Tür. Sie öffnete sich mühelos, und kühle Luft umgab ihn. Von innen verriegelte er die Tür und betrachtete die vertraute Umgebung. Diese Wasserkontroll-Zentrale war identisch mit der, die er vor der Abfahrt in Nordstadt stillgelegt hatte. Diese beiden Kontrollräume waren die einzigen, die ständig klimatisiert waren. Sie ermöglichten das menschliche Leben auf dem Planeten.

Ehe er das Programm in Gang brachte, setzte sich Jan vor die Konsole und aktivierte nacheinander die Kameras in der Wasserstation, die sich gut 1500 Kilometer entfernt in den Bergen über der Küste befand. Die erste Kamera war mit kompaktem Stahl und Beton verkleidet. Sie befand sich oben auf der Station und lieferte einen Panoramablick. Das kreisende Bild zeigte nichts Ungewöhnliches. Es war alles, wie es sein sollte, das wußte er auch schon von dem Computerausdruck, der ihn längst alarmiert hätte, wenn irgendwelche Schwierigkeiten aufgetreten wären. Aber eine innere Stimme sagte ihm, daß er erst Gewißheit haben konnte, wenn er sich selbst umschaute. Natürlich ein irrationales Verhalten. Man muß Maschinen mögen, um gut mit ihnen zurechtzukommen.

Kompakt und mächtig, eine Festung der Technologie. Ein ungebrochenes, ödes Betonbauwerk, dessen Mauern mehr als drei Meter dick waren. Einige Flug-Echsen saßen auf einem Gebäudevorsprung; als sich die Linse der Kamera in ihre Richtung bewegte, flatterten sie träge davon. Tief unten lag das Meer, dessen Wogen gegen das feste Gestein anrannten. Die Kamera drehte sich, und die Wannen kamen in Sicht, halb gefüllt mit Schätzen, die dem Meer abgerungen worden waren, ein Nebenprodukt des Entsalzungsprozesses. In einer solchen Wanne gab es mindestens eine Tonne Gold. Auf der Erde war das ein Vermögen wert, doch der Wert auf Halvmörk beschränkte sich auf die guten Eigenschaften als Verkleidung für die Antriebsmaschinen und landwirtschaftlichen Geräte. Bei der langsamen Drehung kam der tiefe Kanal als letztes in Sicht, eine Linie, die sich den Berg hinab zur schwarzen Mündung des ersten Tunnels erstreckte, zwei Kilometer tiefer.

Innenkameras offenbarten die Kahlheit und Widerstandsfähigkeit des großen Maschinenkomplexes, der ganz auf Haltbarkeit ausgelegt war. Die Techniker hatten so gute Arbeit geleistet, daß Jan in all seinen Jahren auf dem Planeten erst einmal dort oben gewesen war. Natürlich gab es ständige Inspektionen und Wartungsarbeiten, die aber automatisch vorgenommen wurden. Die Anlage war eine widerhallende Kathedrale der Wissenschaft, ständig in Bereitschaft, doch nur selten besucht. Vier Jahre lang war die Maschinerie im Leerlauf gefahren; der Fusionsgenerator hatte eben genug Energie geliefert, damit die Wartungsprogramme laufen konnten. Jetzt würde alles wieder zum Leben erwachen. Das Startprogramm war lang und kompliziert, mit jedem Schritt zur Selbstregulierung führend, entworfen von Erbauern, die seit Jahrhunderten nicht mehr lebten. Sie hatten gute Arbeit geleistet. Jan schaltete den Computer-Terminal ein, empfing das Erkennungssignal und gab den Befehl für das Anlaufen ein.

Zunächst würde sich nichts tun, denn als erstes kamen die zahlreichen Überprüfungen aller Elemente. Wenn sich die Maschine überzeugt hatte, daß alles in Ordnung war, steigerte sie langsam die Leistung des Fusionsgenerators. Anschließend würden die in das solide Gestein unter dem Meer eingebauten Pumpen die Arbeit aufnehmen. Stumm, ohne bewegliche Teile, würden sie das Meerwasser durch die großen Rohre zur Station oben auf den Klippen drücken. Dazu wurde eine Variation derselben magnetischen Flasche angewendet, die auch die Verschmelzungsreaktion einschnürte, so abgewandelt, daß sie das Wasser ergreifen und fortstoßen konnte. Immer höher wurde das Wasser gepumpt, bis es in die Schnelldestillation überlief. Hier wurde es augenblicklich in Wasserdampf verwandelt, wobei der größte Teil des Dampfes zum Kondensator gezogen wurde. Dann griff die Schwerkraft zu.

Jan hatte in der letzten Zeit so viele Menschen um sich gehabt und mit ihnen gesprochen, daß ihm das Alleinsein jetzt sehr guttat. Reglos saß er da und beobachtete stundenlang die Schirme und die optischen Darstellungen, bis die ersten Wasserströme aus den Öffnungen quollen und gleich darauf zu brausenden Strömen wurden. Hinab rauschten die Massen, Sand und anderes Treibgut mitreißend, und verschwanden im Tunnel. Es würde Tage dauern, bis die ersten schmutzigen Tropfen durch die Tunnel und Kanäle zur Stadt vorgedrungen waren.

Ein zweiter behäbiger Schlammstrom bewegte sich in einem Kanal, der in die Flanke des Berges geschnitten worden war und zurück ins Meer führte. Es würde mindestens eine Woche dauern, bis Jan die Extraktoren aktivierte, die verwertbare Elemente und Chemikalien aus dem Meerwasser holten. Im Augenblick brauchte er ein großes Volumen an Wasser, das die Kanäle füllte und reinwusch. Es war alles, wie es sein sollte, und er war müde. Die Party – er hatte sie ganz vergessen. Vermutlich war sie längst im Gang. Gut, vielleicht kam er darum herum. Er war müde und brauchte Schlaf. Er nahm ein Monitorgerät vom Regal, das die Wassermaschinen ständig unter Aufsicht hatte, und hakte es sich in den Gürtel.

Die Nacht draußen war warm, doch ein leichter Wind ließ die Luft ganz angenehm erscheinen. Nach den Geräuschen zu urteilen, war die Feier schon fortgeschritten; das Essen war beendet, und die Getränke flossen reichlich. Die Leute hatten es verdient. Auch ohne die Mühen der Fahrt war das Leben dieser Menschen monoton genug. Wenn erst der Getreideanbau wieder begann, würde es jahrelang keine Mußestunden mehr geben.

»Jan, ich wollte Sie eben abholen«, sagte Otakar, der um die Ecke des Gebäudes bog. »Es findet eine Versammlung der Familienvorstände statt, und man will Sie sprechen.«

»Hat das nicht Zeit, bis alle ausgeschlafen haben?«

»Anscheinend ist es dringend. Man hat mich von einem sehr kühlen Bier fortgeschleppt, zu dem ich jetzt sofort zurückkehre. Man will die Kuppel aufblasen, dort soll die Sitzung stattfinden. Bis morgen dann.«

»Gute Nacht.«

Jan wäre am liebsten nicht hingegangen, aber die Kuppel war

nicht weit. Jetzt am Schluß der Reise würde das kleinkrämerische Jammern und Streiten wieder die Oberhand gewinnen. Er mußte mit den Leuten reden, ob es ihm gefiel oder nicht. Sollten sie es sich ruhig von Herzen reden, damit sie dann morgen alle die Entladung des Korns in Angriff nehmen konnten. Ein Proktor, ausgerüstet mit Handfeuerwaffe, stand vor der Tür. Als er sich näherte, klopfte er an und ließ ihn eintreten.

Alle waren versammelt, die Familienvorstände und die Technik-Offiziere. Sie warteten stumm, bis er sich gesetzt hatte. Schließlich ergriff die Hradil das Wort. Er hätte es sich denken können.

»Es sind ernsthafte Anschuldigungen vorgebracht worden, Jan Kulozik.«

»Wer steckt denn nun wieder in der Klemme? Und hätte das nicht bis morgen Zeit gehabt?«

»Nein. Es ist eine Notlage. Es muß Recht gesprochen werden. Sie werden beschuldigt, Proktor-Captain Hein Ritterspach tätlich angegriffen und den Tod dreier Kinder verschuldet zu haben. Das ist eine ernste Sache. Bis zur Verhandlung werden Sie unter Arrest gestellt.«

Jans Müdigkeit war verflogen, als er aufsprang. »Sie können doch nicht ...!«

Kräftige Hände packten ihn und zerrten ihn herum. Zwei Proktoren hielten ihn fest, und sein Blick fiel auf Hein, der grinsend die Waffe auf ihn richtete.

»Versuchen Sie keine Tricks, Kulozik, sonst schieße ich! Sie sind ein gefährlicher Verbrecher und kommen endlich hinter Gitter.«

»Was soll das, ihr Dummköpfe? Wir haben keine Zeit für solchen Unsinn. Wir müssen die Züge wenden und den Rest des Getreides holen. Danach können Sie ihre Spielchen spielen, wenn Sie unbedingt darauf bestehen.«

»Nein«, sagte die Hradil und setzte ein kaltes Siegeslächeln auf, dem jede menschliche Wärme fehlte. »Wir haben im übrigen beschlossen, daß wir genug Getreide haben. Eine zweite Fahrt wäre zu gefährlich. Die Dinge werden hier weiterlaufen wie immer. Ohne daß Sie dabei Unruhe stiften können. Sie haben uns lange genug nach Ihrer Pfeife tanzen lassen. Jetzt ist Schluß!«

11

Die Hradil hatte alles von Anfang an geplant. Der Gedanke war bitter, und Jan spürte den Geschmack des Hasses auf der Zunge, der immer wieder in ihm emporschoß. Geplant und ausgeführt durch das Gehirn hinter diesen kalten Schlangenaugen. Wäre sie ein Mann gewesen, hätte er sie vielleicht vor den Augen der anderen getötet, selbst wenn das sein Ende bedeutet hätte.

Der Steinboden unter ihm fühlte sich warm an; die Hitze des vergangenen Sommers wurde noch immer abgestrahlt. Er hatte das Hemd ausgezogen und sich als Kissen unter den Kopf gelegt; trotzdem war er feucht von Schweiß. In dem kleinen Lagerraum mußte eine Temperatur von beinahe vierzig Grad herrschen. Offenbar hatte man dieses Gefängnis vorbereitet, ehe die Versammlung einberufen wurde, in deren Verlauf man ihn anklagen wollte; er sah noch die Spuren der Ersatzteile, die hier gelagert gewesen waren, ehe man sie fortschleppte. Ein Fenster gab es nicht. Das Licht, das hoch unter der Decke leuchtete, wurde nicht ausgeschaltet. Die Metalltür war von draußen verschlossen. Zwischen Tür und Gestein klaffte eine Lücke, durch die kühle Luft hereinströmte. Jan schob das Gesicht dicht heran und fragte sich, wie lange er schon hier war, und ob man ihm Wasser bringen würde.

Irgend jemand mußte sich doch um ihn Gedanken machen – doch bis jetzt war niemand aufgetaucht. Es wollte ihm unmöglich erscheinen, daß er eben noch Zugmeister sein konnte, Herr über alle Menschen und alle Ressourcen des Planeten – und am nächsten Tag ein vergessener Gefangener.

Die Hradil. Die Leute taten, was sie befahl. Daß er die Züge in den Süden hatte bringen wollen, hatte ihr vorübergehend in den Kram gepaßt. Sie wußte, daß er es schaffen konnte. Sie wußte auch, daß sie ihn erniedrigen und seine Selbstachtung beschneiden mußte, sobald die Fahrt vorbei war. Zu sehr trat er für Veränderungen und Entscheidungsfreiheit ein, und das duldete sie nicht. Ebensowenig wie die anderen. Sie mußten nicht erst dazu überredet werden, seinen Untergang zu beschließen.

Nein!

Zuviel hatte sich bereits verändert, zuviel war in Veränderung begriffen, als daß er sie jetzt siegen lassen durfte. Wenn es nach ihrem Willen ging, würde man das mitgebrachte Saatgut in den Boden bringen und den Rest des Getreides lagern bis zu dem Augenblick, da die Schiffe kamen. Mit einer gedankenlosen Rückkehr zu den alten Gewohnheiten, den Dingen, wie sie immer gewesen waren.

Nein! Langsam rappelte Jan sich auf. So sollte es nicht werden. Wenn die Schiffe nicht wieder auftauchten, würden sie alle bald tot sein, und nichts würde Bedeutung haben. Doch wenn sie kamen, gab es keine Rückkehr zu der alten Zeit. Er trat immer wieder gegen die Metalltür, bis sie sich im Rahmen zu lockern begann.

»Ruhe da!« rief endlich eine Stimme.

»Nein! Ich möchte Wasser! Machen Sie sofort auf!«

Er trat immer weiter, bis die Anstrengung seine Sinne zu verwirren begann. Schließlich rasselten die Riegel. Als die Tür aufging, stand Hein mit gezogener Waffe vor ihm, den anderen Proktor neben sich. Er trug den Arm noch immer in der Schlinge. Er streckte ihn Jan entgegen.

»Sie haben mir das angetan und dachten, Sie kämen damit durch! Na, so soll es nicht sein. Man hat Sie verurteilt ...«

»Ohne Prozeß?«

»Sie haben einen Prozeß gehabt, es ist sehr fair zugegangen. Ich war dabei.« Er kicherte. »Die Beweise waren stichhaltig. Man hat Sie dazu verurteilt, für Ihre Verbrechen zu sterben. Warum sollten wir also gutes Wasser an Sie verschwenden?«

»Das können Sie doch nicht tun ...« Jan wurde schwindlig; er lehnte sich schwankend an die Türfüllung.

»Es ist aus, Kulozik. Warum kriechen Sie nicht ein bißchen vor mir im Staub herum und flehen mich an, Ihnen zu helfen? Vielleicht tu ich's sogar.«

Er fuchtelte Jan mit der Waffe vor dem Gesicht herum. Jan wich schaudernd zurück, zu schwach zum Stehen. Langsam glitt er zu Boden ...

Und packte Heins Fußgelenke und zerrte sie unter dem schweren Mann hervor, der heftig gegen den anderen Proktor knallte. Jan hatte solche Nahkampftricks von seinem Karatelehrer gelernt, der daraus ein Hobby gemacht hatte; diese Männer wußten nichts von den unangenehmeren Begleiterscheinungen des regellosen Kampfes Mann gegen Mann. Die Waffe in Heins Hand behinderte ihn eher, und Jan schlug sie zur Seite, als er den Abzug bediente. Er gab nur einen Schuß ab, dann schrie Hein auf, von Jans Knie in den Unterleib getroffen. Dem anderen Proktor erging es nicht besser. Eine Faust landete in seinen Rippen und trieb ihm die Luft aus den Lungen. Er hatte die Waffe noch im Halfter, als er mit einem heftigen Hieb gegen das Genick bewußtlos geschlagen wurde.

Hein war nicht bewußtlos, sondern rollte sich mit glasigem Blick herum, sein Mund ein rundes O des Schmerzes. Jan nahm auch ihm die Waffe ab und versetzte ihm einen energischen Fußtritt gegen die Schläfe.

»Ihr beide werdet eine Weile das Maul halten«, murmelte er, zerrte die reglosen Gestalten in den Lagerraum und schloß sie ein.

Was jetzt? Zunächst war er frei – doch es gab keinen Ort, an den er fliehen konnte. Außerdem ging es ihm um mehr als Freiheit. Die Menschen brauchten das Getreide, die Züge mußten die zweite Fahrt machen. Die Familienvorstände hatten sich aber dagegen ausgesprochen. An sie konnte er appellieren, aber das würde nichts bringen. Sie hatten ihn in seiner Abwesenheit zum Tode verurteilt und würden ihn bestimmt nicht anhören. Ohne die Hradil mochte er sie überzeugen – nein, im Grunde machte das keinen Unterschied. Wenn er sie tötete, würde ihn das nicht weiterbringen.

Die Chance, die sein Leben und vermutlich auch das Leben und die Zukunft aller Bewohner dieses Planeten retten konnte, lag einzig und allein in einer grundlegenden Veränderung der Situation. Aber welche Veränderung konnte das sein – und wie sollte er sie herbeiführen? Aus dem Handgelenk fiel ihm keine Antwort ein. Zuerst das Wichtigste – ein Schluck Wasser. In der Ecke stand ein wassergefüllter Eimer, in dem die Proktoren ihr Bier gekühlt hatten. Jan nahm die letzten Flaschen heraus, hob den Eimer an die Lippen und trank, bis er nicht mehr konnte. Den Rest schüttete er sich über den Kopf und keuchte unter dem Schock der Abkühlung. Erst dann öffnete er eine Bierflasche und trank daraus. Erste Umrisse eines Planes formten sich in seinem Kopf. Doch allein kam er nicht weiter. Wer aber würde ihm helfen? Was er erreichen wollte, würde sich gegen die Familienvorstände richten. Oder hatten sie sich diesmal zu weit vorgewagt? Wenn Prozeß und Urteil gegen ihn in aller Heimlichkeit erwirkt worden waren, mochte er Hilfe finden. Ehe er weiterkam, brauchte er Informationen.

Die Waffen der Proktoren schob er in einen leeren Saatgut-Sack, dabei legte er eine Pistole so, daß er jederzeit schnell zugreifen konnte. In der Zelle herrschte Stille; es würde eine Weile dauern, ehe es aus dieser Richtung Ärger gab. Also – was war draußen im Gange?

Jan öffnete die Außentür einen Spalt breit und schaute hinaus. Nichts. Eine leere Straße, staubig-öde unter dem dämmerigen Himmel. Er öffnete die Tür ganz, trat hinaus und schritt gelassen auf die stummen Züge zu.

Und blieb stehen. Hatte es ein Massaker gegeben? Überall lagen Körper herum. Dann belächelte er seine düsteren Gedanken. Natürlich schliefen die Leute nur. Der Züge ledig, sicher am Ziel eingetroffen, hatte man nun die Ruhe nach dem Sturm eintreten lassen; alle hatten überreichlich gegessen und getrunken, bis es zuviel für sie wurde. Und anstatt in die engen, unbehaglichen Wagen zurückzukehren, hatten sie sich an Ort und Stelle zum Schlafen ausgestreckt. Wunderbar: besser hätte er es selbst nicht planen können. Die Familienvorstände schliefen bestimmt auch, und nur von ihrer Seite drohte ihm im Augenblick eine echte Gefahr. Schnell und leise schlich er an den Zügen entlang, bis er die Ciou-Familie erreichte. Wie immer war hier alles gut organisiert; die Schlafmatten lagen in säuberlichen Reihen da, auf einer Seite Frauen und Kinder. An ihnen vorbei ging er zu den schlafenden Gestalten der Männer, bis er Lee Ciou fand. Das Gesicht des Mannes war im Schlaf entspannt, die Sorgenfalte zwischen seinen Augen war verschwunden. Jan kniete nieder und schüttelte Lee leicht an der Schulter. Dunkle Augen öffneten sich langsam, und die Falte zwischen ihnen erschien sofort, als Jan mahnend einen Finger an die Lippen legte. Lee folgte der pantomimischen Anweisung, stand leise auf und folgte Jan die Sprossenleiter in die nächste Maschine hinauf. Besorgt sah er zu, wie Jan das Luk verschloß.

»Was ist? Was wollen Sie?«

Festino-82-

»Ich habe Ihre Bänder, Lee. Die illegalen Bänder.«

»Ich hätte sie vernichten sollen – ich wußte es doch gleich!« Die Worte waren ein Jammerschrei.

»Machen Sie sich deswegen keine Sorgen. Ich bin zu Ihnen gekommen, weil Sie auf diesem Planeten in meinem Bekanntenkreis die einzige Person sind, die den Mut hat, das Gesetz zu übertreten. Ich brauche Ihre Hilfe.«

»Ich möchte da nicht hineingezogen werden. Ich hätte niemals ...«

»Hören Sie zu! Sie wissen ja noch nicht mal, was ich will. Wissen Sie über den Prozeß gegen mich Bescheid?«

»Prozeß ...?«

»Oder daß ich zum Tode verurteilt worden bin?«

»Wovon reden Sie da, Jan? Sind Sie übermüdet? Seit unserer Ankunft ist nichts weiter passiert, als daß wir zuviel gegessen und getrunken haben und eingeschlafen sind. Eine großartige Feier!«

»Wissen Sie von der Zusammenkunft der Familienvorstände?«

»Die halten ja ewig Sitzungen ab. Ich weiß, daß sie die Druckkuppel aufblasen ließen, ehe sie das Bier herausrückten. Vermutlich waren sie alle dort drin. Die Party ist ohne sie auch viel besser gelaufen. Hätten Sie mal einen Schluck Wasser?«

»An der Tür ist ein Spender.«

Der Prozeß war also geheim abgelaufen! Der Gedanke reizte Jan zum Lächeln. Dies war der Hebel. Der Fehler der anderen. Hätten sie ihn sofort umgebracht, wäre es vielleicht zu einigem Murren gekommen, aber mehr wäre nicht passiert. Na, dazu war es zu spät. Als Lee zu Jan zurückkehrte, schien er schon etwas munterer zu sein.

»Hier ist eine Liste von Namen«, sagte Jan und kritzelte hastig auf einem Bestellformular herum. »Die Männer meiner Maschinenmannschaft – gute Leute. Und Lajos – als der von Hein das Kommando der Panzer übernahm, ist er sehr selbständig geworden. Das müßte reichen.« Er gab Lee die Liste. »Ich möchte nicht riskieren, gesehen zu werden. Würden Sie die Liste nehmen, die Männer aufsuchen und ihnen sagen, daß sie hier mit mir zusammentreffen sollen? Sie sollen schnell und leise kommen – es ginge um eine Sache von größter Wichtigkeit ...«

»Worum denn?«

»Vertrauen Sie mir, Lee. Bitte! Was geschehen ist, berichte ich Ihnen dann allen zusammen. Es ist *wirklich* wichtig. Und alle müssen schleunigst verständigt werden.«

Lee atmete tief ein, als wollte er Widerspruch einlegen, dann ließ er die Luft langsam wieder aus den Lungen. »Nur weil Sie es sind, Jan. Nur weil Sie es sind«, sagte er, machte kehrt und ging.

Einer nach dem anderen trafen die Männer ein, und Jan bezwang seine Ungeduld und die Neugier der anderen, bis Lee zurückgekehrt war und das Luk wieder hinter sich verschlossen hatte.

»Regen sich schon Leute?« fragte er.

»Eigentlich nicht«, sagte Otakar. »Ein paar stolpern herum, um sich zu erleichtern, aber die schlafen gleich wieder ein. Ein gehöriges Besäufnis. Na – und was soll das hier?«

»Ich sag's Ihnen gleich. Aber vorher möchte ich einige Dinge klarstellen. Vor der Fahrt hatte ich einen erregten Wortwechsel mit Hein Ritterspach. Er behauptet, ich hätte ihn dabei geschlagen. Das ist gelogen. Für alles gibt es einen Zeugen. Lajos Nagy.«

Alle wandten sich um, und Lajos versuchte den Blicken auszuweichen. Doch es gab kein Entrinnen.

»Na, Lajos?« fragte Jan.

»Ja ... ich war dabei. Ich habe aber nicht alles gehört, was gesagt wurde ...«

»Danach habe ich nicht gefragt. Habe ich Hein geschlagen? Das ist die Frage, die Sie uns beantworten können.«

Lajos wollte mit der Sache nichts zu tun haben – aber er steckte schon mitten drin. Schließlich schüttelte er den Kopf. »Nein, Sie haben ihn nicht geschlagen. Eine Weile hatte ich das Gefühl, daß es zu Schlägen kommen würde, denn beide waren sehr erzürnt. Aber Sie haben ihn jedenfalls nicht geschlagen.«

»Vielen Dank. Jetzt gibt's da ein zweites Problem, das nicht ganz so einfach liegt. Einige Kinder sind an Insektenstichen gestorben, während wir durch den Urwald fuhren. Sie alle wissen das. Ich mußte eine schwere Entscheidung treffen. Ich ließ die Züge nicht anhalten, und der Arzt konnte sich nicht um die Erkrankten kümmern. Vielleicht war das falsch. Vielleicht hätte ein Halt die Kinder retten können. Aber ich habe die Sicherheit aller über die einiger weniger gestellt. Die Folge dieser Entscheidung lastet mir auf dem Gewissen. Wenn wir angehalten hätten, wäre der Arzt vielleicht in der Lage gewesen ...«

»Nein!« sagte Otakar laut. »Der hätte nichts tun können. Hat er nämlich selbst gesagt. Der alte Becker ließ ihn kommen und brüllte ihn an. Er ist aber ein Rosbagh, und die Leute aus dieser Familie werden immer ganz stur, wenn man sie anbrüllt. Er dröhnte zurück, daß er zur Rettung der Kinder nichts anderes hätte tun können, als das vorhandene Mittel zu verabreichen, was ja ohnehin geschehen war. Er sah die Schuld bei den Leuten, die es zugelassen hatten, daß die Fenster geöffnet wurden, sogar bei Becker selbst.«

»Das hätte ich gern gehört!« sagte Eino.

»Und ich erst!« sagte Hyzo begeistert.

»Vielen Dank. Es bedeutet mir viel, das zu wissen«, sagte Jan. »Aus verschiedenen Gründen. Sie kennen nun die Einzelheiten der beiden Dinge, die mir zur Last gelegt werden. Ich finde, daß es sich um falsche Anschuldigungen handelt. Aber wenn die Familienvorstände wollen, daß ich deswegen in einem Prozeß zur Rechenschaft gezogen werde, bin ich damit einverstanden.«

»Warum ein Prozeß?« fragte Otakar. »Eine Ermittlung mag es wohl geben, doch ein Verfahren sicher nur, wenn die Anklage erhärtet worden ist. Etwas anderes wäre nicht fair.«

Die Männer nickten zustimmend, und Jan wartete, bis ihr Gemurmel verstummt war. »Ich bin froh, daß wir uns darin einig sind«, sagte er. »Deshalb kann ich Ihnen nun auch sagen, was geschehen ist. Während Sie alle gefeiert haben, sind die Familienvorstände zu einer Geheimsitzung zusammengekommen. Sie ließen mich festsetzen und hinter Gitter bringen. Dann wurde mir zu den genannten Anklagen der Prozeß gemacht – *ohne* daß ich dabei war – mit einem Schuldspruch. Wäre ich nicht entkommen, könnte ich jetzt schon tot sein – denn das war das Urteil der Familienvorstände.«

Die Männer reagierten ungläubig auf diese Worte. Ihr Schock ging in Zorn über, als sie erkannten, daß Jan die Wahrheit sprach.

»Sie brauchen sich nicht allein auf meine Worte zu verlassen«, sagte Jan. »Dazu ist die Lage zu ernst. Hein und der andere Proktor sind eingeschlossen und werden Ihnen sagen ...«

»Ich will nicht hören, was Hein zu sagen hat!« brüllte Otakar. »Er lügt ja wie gedruckt. Ihnen glaube ich, Jan, wir alle glauben Ihnen.« Die Männer nickten zustimmend. »Sie brauchen uns nur zu sagen, was wir machen sollen. Die anderen müssen dies erfahren. Damit dürfen die hohen Herrschaften nicht durchkommen.«

»Aber das werden sie, wenn wir ihnen nicht Einhalt gebieten«, meinte Jan. »Es genügt nicht, die anderen einfach zu informieren. Können Sie sich einen Taekeng vorstellen, der sich dem Chef entgegenstellt? Nein, das dachte ich auch. Ich bin gern bereit, mich zu verantworten, ich *bestehe* sogar darauf. Aber genau nach den Gesetzen. In der Öffentlichkeit, unter Vorlage aller Beweise. Die Sache soll frei besprochen werden. Die Familienvorstände werden das bestimmt verhindern wollen. Wir müssen sie dazu zwingen.«

»Aber wie?«

Schweigen herrschte, denn die Männer waren begierig zu helfen und warteten auf seinen Rat. Aber würden sie weit genug gehen wollen? Instinktiv erkannte Jan, daß sie nicht mitziehen würden, wenn sie jetzt zu genau über die Dinge nachdachten, die getan werden mußten. Wenn sie aber alle zusammen und im Zorn losschlugen, schafften sie es vielleicht. Und war es erst einmal geschehen, gab es kein Zurück mehr. Hier wurden revolutionäre Gedanken geschmiedet – und jetzt ging es darum, sie auch in die Tat umzusetzen. Sorgfältig überlegte er sich seine Worte.

»Ohne Energie rührt sich nichts. Eino, wie könnten wir die Zugmaschinen am einfachsten vorübergehend außer Betrieb setzen? Indem wir die Computerprogramme blockieren?«

»Das macht zuviel Aufwand«, antwortete der Ingenieur, im Banne des technischen Problems stehend, ohne Gedanken an die Ungeheuerlichkeit des Verbrechens, das hier besprochen wurde. »Mein Vorschlag wäre, den Verteilerstöpsel für die Kontrollen herauszunehmen, am besten entfernt man den Stöpsel an beiden Enden und zieht das ganze Kabel heraus. Das ist eine Arbeit von wenigen Sekunden.«

»Schön. Genau das tun wir. Auch in den Panzern. Bringt alles zu Panzer sechs, das ist der größte. Anschließend wecken wir jedermann und berichten, was geschehen ist. Wir zwingen sie, den Prozeß sofort zu führen. Wenn alles vorbei ist, bringen wir die Kabel wieder an und setzen die Arbeit fort. Was meinen Sie?«

Er legte keine besondere Betonung in die letzte Frage, obwohl sie die wichtigste Entscheidung von allen betraf. Der Moment der unwiderruflichen Entscheidung war gekommen – wurde diese Schwelle überschritten, gab es kein Zurück mehr. Wäre den Männern bewußt geworden, daß sie die Macht auf dieser Welt in die eigenen Hände nehmen wollten, hätten sie es sich vielleicht überlegt. Wenn sie auch nur einen Moment zögerten, war seine Sache verloren.

Diese Männer waren Techniker, Mechaniker – und sahen die Dinge nicht so. Sie wollten nur eine Ungerechtigkeit geraderücken, weiter nichts.

Es gab zustimmende Rufe, und schon war man dabei, die verschiedenen Aufgaben zu verteilen. Das Projekt lief an. Nur Hyzo Santos ließ sich von der allgemeinen Erregung nicht mitreißen, sondern beobachtete Jan mit großen, intelligenten Augen. Jan gab ihm keinen Auftrag und war nach kurzer Zeit mit dem stummen Kommunikationsoffizier allein. Er ergriff erst wieder das Wort, als die anderen gegangen waren.

»Sie wissen doch, was Sie da tun, Jan?«

»Ja. Und Sie auch. Ich überschreite alle Regeln und schaffe neue.«

»Es ist mehr als das. Sind die Regeln erst einmal gebrochen worden, werden sie nie wieder die alte Wirkung haben. Die Familienvorstände werden damit nicht einverstanden sein …«

»Wir werden sie zwingen.«

»Ich weiß. Und ich weiß auch eine Bezeichnung dafür, auch wenn Sie das Wort eben nicht ausgesprochen haben. Eine Revolution, nicht wahr?«

Nach langem Schweigen antwortete Jan, und sein Blick ruhte auf dem ernsten Gesicht des Mannes. »Ja. Stößt der Gedanke Sie ab?«

Langsam erschien ein breites Lächeln auf Hyzos Gesicht. »Ob er mich abstößt? Genau das ist dringend nötig, genau das steht in *Klasse und Arbeit, der Ewige Kampf.*«

»Den Titel habe ich noch nie gehört.«

»Den kennen wohl nur wenige. Ich habe ihn von einem Mann von den Schiffsbesatzungen. Er sagte, es sei ein Buch, aber es ist nirgendwo verzeichnet. Es gebe jedoch einige Exemplare, von denen Duplikate gezogen worden sind.«

»Sie bewegen sich da auf gefährlichem Boden ...«

»Ich weiß. Er sagte, er würde welche mitbringen – aber ich habe ihn nie wiedergesehen.«

»Man kann sich vorstellen, was aus ihm geworden ist. Sie machen also mit? Die Sache wird größer, als Sie sich im Augenblick vorstellen können.«

Hyzo ergriff Jans Finger mit beiden Händen. »Ich mache mit bis zum Ende. Uneingeschränkt!«

»Gut. Dann können Sie mir bei einer Sache helfen. Kommen Sie mit ins Lagerhaus, wo ich Hein und den anderen Proktor eingeschlossen habe. Die beiden waren bereit, das Todesurteil zu vollstrecken, sie wußten also von dem Geheimprozeß. Sie sind unsere Zeugen.«

Einige Frühaufsteher regten sich bereits, als sie zum Lagergebäude hinübergingen. Die Tür zur Straße stand offen, wie Jan sie hinterlassen hatte.

Doch die Tür zur Zelle war ebenfalls geöffnet, und die beiden Proktoren waren verschwunden.

12

Hastig sah Jan sich um; der Rest des Lagerhauses war so leer wie die improvisierte Zelle.

»Wo stecken sie?« fragte Hyzo.

»Egal. Wir müssen uns auf Ärger gefaßt machen. Wir sollten unseren Schachzug also machen, ehe die Gegenseite mobil macht. Wir müssen sie überraschen, soweit das noch möglich ist. Kommen Sie!«

Die beiden eilten los, ohne sich um die überraschten Blicke zu kümmern. Mit schnellen Schritten liefen sie durch den Staub zu der Reihe der Räumungspanzer. Niemand hielt sie auf. Jan fiel in Schritt.

»Wir haben noch einen Vorsprung«, sagte er schweratmend. »Wir legen los wie geplant.«

Sie stiegen in Panzer sechs und starteten den Motor. Es würde das einzige Fahrzeug sein, das nicht lahmgelegt wurde. Jan steuerte den Panzer langsam den Mittelweg entlang und stoppte vor der Druckkuppel.

Überall kamen die Leute in Bewegung, doch die Arbeit an den Panzern und Zugmaschinen ging ungestört weiter. Zuerst waren die Verschwörer verstohlen vorgegangen, bemüht, nicht aufzufallen. Aber dann wurde ihnen bewußt, daß niemand im geringsten auf sie achtete. Sie waren eben Techniker, die ihren rätselhaften Aufgaben nachgingen. Als ihnen das klar geworden war, trugen sie die Kabel offen mit sich herum und riefen sich in heimlicher Freude gegenseitig zu. Es war für sie aufregend.

Nicht aber für Jan. Er saß an den Panzerkontrollen und beobachtete die Schirme. Er sah, wie der erste Mann mit einem kompletten Kabel näherkam; verstohlen klopfte er an die Panzerwand. Dann ein zweiter Techniker und ein dritter. Hyzo saß im offenen Dachluk und reichte Jan die Kabel ins Innere.

»Das wären alle«, sagte er schließlich. »Was sollen wir jetzt tun?«

»Sie und die anderen können in der Menge bleiben. Ich finde, das ist das Beste. Ich möchte in diesem frühen Stadium keine Konfrontationen oder Verschwörungsbeschuldigungen hören.«

»Für die anderen ist das sicher richtig. Aber Sie brauchen jemanden, der Ihnen hier den Rücken stärkt.«

»Sie müssen das nicht tun, Hyzo ...«

»Weiß ich, deshalb melde ich mich freiwillig. Was jetzt?«

»Einfach. Wir holen die Leute zusammen.«

Im gleichen Augenblick drückte er auf den Sirenenknopf und ließ nicht wieder los. Das schrille Geräusch steigerte sein Volumen in höchste Höhen und jaulte auf und nieder. Niemand konnte dieses Signal überhören. Menschen, die eben noch geschlafen hatten, waren plötzlich hellwach; wer schon arbeitete, hielt inne und eilte auf den Panzer zu. Als sich der Mittelweg zu füllen begann, schaltete Jan die Sirene aus und zog den Handverstärker aus seiner Wandhalterung. Hyzo wartete schon auf dem Panzerdach, gelassen gegen die Fusionskanone gelehnt.

»Da hätten Sie Ihr Publikum«, sagte er. »Alles hört auf Ihr Kommando.«

»Hierher!« sagte Jan in die Flüstertüte, und seine verstärkten Worte hallten von allen Seiten wider. »Alle hierher. Es gibt eine wichtige Ankündigung.« Er sah Taekeng in der Tür seines Wagens erscheinen und die Faust schütteln. »Familienvorstände ebenfalls. Alle hierher!« Taekeng bewegte noch einmal die Faust und machte kehrt, als ein Mann herbeieilte und etwas zu ihm sagte. Er fuhr herum, warf Jan einen schockierten Blick zu und folgte dem Boten in Richtung Druckkuppel.

»Hierher, alle dicht heran!« sagte Jan und schaltete das Mikrofon aus. »Noch ist kein Familienvorstand hier«, sagte er zu Hyzo. »Die Leute planen etwas. Was machen wir?«

»Nichts. Damit läßt sich kein Ärger anfangen. Geben Sie Befehle zum Entladen des Getreides für die zweite Fahrt.«

»Aber die Familienvorstände haben diesen Plan geändert. Sie werden uns nicht zurückfahren lassen.«

»Um so besser – darüber haben sie nämlich auch noch nichts verlauten lassen. Dann sollen *sie* doch den Ärger anfangen – hier vor allen Leuten.«

»Sie haben recht.« Jan schaltete den Lautsprecher wieder ein. »Tut mir leid, Sie womöglich im Schlaf gestört zu haben, aber die Feier ist vorbei. Wir müssen wieder an die Arbeit. Die Züge müssen sich auf den Rückweg machen, um das übrige Getreide zu holen.«

Ein Ächzen lief durch die Menge, und einige Leute am hinteren Ende machten Anstalten, sich zu entfernen. Über die Köpfe der Versammlung sah Jan Hein aus der Druckkuppel kommen und sich nach vorn durch die Menge drängen. Er brüllte etwas, und sein Gesicht war vor Anstrengung gerötet. In seinem Halfter steckte eine neue Waffe. Den Mann durfte er nicht einfach ignorieren.

»Was wollen Sie, Hein?« fragte Jan.

»Sie ... kommen mit ... Kuppel ... sofort ... Konferenz.«

Die meisten Worte gingen im Lärmen der Versammelten unter. Der Proktor drängte sich zornig weiter und schwenkte jetzt die Waffe, um seine Autorität herauszustreichen. Plötzlich kam Jan eine Idee; er beugte sich vor und wandte sich an Hyzo.

»Das Schwein soll hier oben reden. Jeder soll sich anhören, was er zu sagen hat. Sorgen Sie dafür, daß die anderen Ihnen helfen.«

»Es ist gefährlich ...«

Jan lachte. »Das Ganze ist Wahnsinn. Los, machen Sie schon!« Hyzo nickte und verschwand; Jan wandte sich wieder dem Handlautsprecher zu. »Da sehe ich den Proktor-Captain. Laßt ihn bitte durch, er hat etwas zu sagen!«

Hein wurde weitergeholfen, vielleicht mehr, als ihm lieb war. Er wollte unten stehenbleiben und zu Jan emporbrüllen, wurde aber weitergeschoben, und ehe er wußte, wie ihm geschah, stand er neben Jan, die Waffe noch immer in der Hand. Er wollte leise etwas zu Jan sagen – der ihm das Mikrofon vor die Lippen hielt.

»Sie sollen mitkommen! Nehmen Sie das Ding weg!« Er schlug danach, doch Jan hielt es so dicht heran, daß die Stimmen dröhnend über die Menge hallten.

»Warum soll ich mitkommen?«

»Sie wissen schon, warum!« Hein stotterte vor Wut. Jan antwortete mit einem freundlichen Lächeln – und blinzelte dem Erzürnten zu.

»Aber ich weiß es nicht«, sagte er unschuldig.

»Sie wissen schon. Man hat Sie angeklagt und für schuldig befunden. Jetzt kommen Sie mit!« Er hob die Waffe; Jan versuchte zu übersehen, wie weiß die Fingerknöchel des Mannes waren.

»Von welcher Anklage reden Sie?« Absichtlich drehte er Hein den Rücken zu und wandte sich an die Menge. »Weiß hier jemand etwas darüber, daß eine Anklage gegen mich verhandelt worden ist?«

Einige schüttelten den Kopf, und alle lauschten gespannt. Jan fuhr herum und schob Hein die Flüstertüte vor den Mund. Gleichzeitig behielt er die Waffe im Auge und machte sich darauf gefaßt zuzuschlagen, sollte Hein den Abzug betätigen wollen. Er hoffte, daß er vorher noch sich und die Familienvorstände ins Verderben reißen würde. Hein begann zu brüllen – wurde jedoch sofort von einer anderen Stimme übertönt.

»Das genügt, Hein! Stecken Sie die Waffe fort und kommen Sie von dem Panzer herunter.«

Es war die Hradil. Sie stand in der Tür der Kuppel und benutzte das öffentliche Lautsprechersystem. Sie mußte im Kreis der Familienvorstände als einzige erkannt haben, daß Hein im Begriff war, das geheime Spiel zu verraten – die einzige mit der nötigen Intelligenz, um schnell zu handeln.

Hein sank in sich zusammen wie ein geplatzter Ballon. Die Farbe wich aus seinem Gesicht. Hastig steckte er die Waffe in seinen Halfter, und Jan ließ ihn gehen, denn er wußte, daß er aus dieser Richtung keine unabsichtliche Hilfe mehr erwarten konnte. Er mußte sich der Hradil stellen, was keine Kleinigkeit war.

»Von welchem Prozeß hat er eben gesprochen, Hradil? Was meint er, als er sagte, ich wäre angeklagt und für schuldig befunden worden?«

Seine Lautsprecherworte wogten über die Köpfe der stummen Menge zu ihr. Ihre Stimme antwortete auf dem gleichen Wege.

»Nichts hat er gemeint. Er ist krank, sein Arm hat sich entzündet, und er fiebert. Der Arzt ist unterwegs.«

»Das ist gut. Armer Kerl. Dann hat es also kein Verfahren gegeben – ich bin also nicht schuldig gesprochen worden?«

Das Schweigen zog sich in die Länge, und trotz der Entfernung konnte er deutlich sehen, daß sie sich seinen Tod wünschte, wie nichts zuvor in ihrem langen Leben. Er bewegte sich nicht, sondern wartete wie versteinert auf ihre Antwort. Endlich öffnete sie den Mund.

»Kein ... kein Prozeß.« Die Worte entrangen sich ihr stockend.

»Das ist sehr gut. Sie haben recht. Hein muß krank sein. Da es keinen Prozeß gegeben hat und ich folglich für schuldig befunden worden bin.« Er hatte ihr die Daumenschrauben angelegt – sie hatte sich in der Öffentlichkeit festlegen lassen. »Also gut. Sie haben alle gehört, was die Hradil gesagt hat. Jetzt wollen wir uns an die Arbeit machen. Die Züge machen sich so schnell wie möglich auf den Rückweg.«

»NEIN!« Ihre verstärkte Lautsprecherstimme übertönte die seine. »Ich warne Sie, Jan Kulozik. Sie sind zu weit gegangen! Sie werden jetzt den Mund halten und gehorchen! Es wird keine zweite Fahrt geben, das ist entschieden worden. Sie werden ...«

»Ich werde *nicht,* Gnädigste. Zu unserem eigenen Besten wurde beschlossen, das Getreide zu holen. Und das werden wir tun.«

»Ich habe Ihnen einen Befehl gegeben.«

Sie bebte vor Zorn, aufgebracht wie er, und die lauten Stimmen dröhnten gottgleich über die staunende Menge. Jeder Versuch, noch an Gesetz und oder Logik zu appellieren, war zwecklos geworden, jeder Versuch, die Zuschauer einzubeziehen, mußte nutzlos sein. Man konnte sie nicht mehr drängen, man mußte Befehle geben. Jan griff in den Turm des Panzers und zog ein Kabel hervor und schüttelte es in Richtung Hradil.

»Ich akzeptiere Ihre Befehle nicht. Alle Panzer und Zugmaschinen sind funktionsunfähig – und werden erst wieder fahren, wenn *ich* es zulasse. Wir holen das Getreide, und Sie können uns nicht aufhalten.«

»Ergreift ihn, er hat den Verstand verloren! Tötet ihn! Ich befehle es!«

Einige Leute traten widerstrebend vor und wichen zurück, als Jan in das Luk griff und die Kontrollen der Fusionskanone aktivierte. Die schwarze verkratzte Glockenmündung der Kanone richtete sich nach oben und erwachte brausend zum Leben, als eine Flammensäule in die Luft schoß. In der Menge gab es Geschrei.

Die Hitze der Fusion sprach lauter, als es Jan je vermocht hätte. Die Hradil beugte sich mit klauengleich erhobenen Fingern vor und machte kehrt. Hein stand ihr im Weg; sie stieß ihn zur Seite und verschwand durch die Kuppeltür. Das Feuertosen erstarb, als Jan die Waffe ausschaltete.

»Diese Runde haben Sie gewonnen«, sagte Hyzo, doch seine Stimme klang nicht siegesbewußt. »Sie müssen sich aber vor der Frau in acht nehmen. Es läuft letztlich darauf hinaus, daß einer von Ihnen beiden auf der Strecke bleibt.«

»Ich möchte sie nicht bekämpfen – ich will nur die Neuerungen durchsetzen ...«

»Jede Neuerung ist für sie eine Niederlage, das dürfen Sie nicht vergessen. Aber jetzt gibt es kein Zurück mehr; Sie können nur noch weitermachen.«

Jan fühlte sich plötzlich erschöpft. »Laden wir das Korn aus. Die Leute müssen zu tun haben, damit sie nicht lange überlegen können.«

»Hyzo!« rief eine Stimme. »Hyzo, ich bin's!« Ein hagerer Junge von etwa vierzehn Jahren kletterte die Fahrkette des Panzers herauf. »Der alte Ledon möchte Sie sehen. Sie sollen sofort kommen, unverzüglich. Es ist sehr wichtig.«

»Mein Familienvorstand«, sagte Hyzo.

»Es fängt schon an.« Jan dachte an die möglichen Konsequenzen. »Hören Sie sich an, was er will. Aber was es auch sei – kommen Sie sofort zu mir und sagen Sie es mir. Er weiß, daß Sie auf meiner Seite stehen. Es muß damit zu tun haben.«

Hyzo sprang hinab und folgte dem Jungen – doch schon nahm der Techniker Eino seinen Platz ein. »Ich wollte die Kabel holen«, sagte er. »Wir müssen zuerst die Wagen der Familien abkuppeln ...«

»Nein«, sagte Jan im Reflex, beinahe ohne nachzudenken. Die Kabel, die stilliegenden Zugmaschinen waren seine einzige Waffe. Er hatte das Gefühl, daß bereits Kräfte gegen ihn am Wirken waren. Er brachte es nicht fertig, seine Waffe schon jetzt aus der Hand zu geben. »Warten Sie noch ein bißchen. Geben Sie den anderen Bescheid, daß wir uns hier in ... sagen wir, drei Stunden treffen werden. Um die Entladepläne durchzusprechen.«

»Wie Sie meinen.«

Das Warten zog sich in die Länge, und Jan fühlte sich sehr einsam. Durch die Windschutzscheibe sah er, daß die Leute sich bewegten, das war nichts Ungewöhnliches. Ihm kam diese Szene jedoch verdächtig vor. Er hatte die Familienvorstände aufgescheucht, hatte sie in Bedrängnis gebracht, hatte einen Sieg gegen sie errungen. Jedenfalls für den Moment. Aber konnte er das Erreichte festhalten? Es war sinnlos, sich jetzt darüber Gedanken zu machen. Er mußte seine Ungeduld bezwingen; er mußte durchhalten und abwarten, wie der nächste Zug der Gegenseite aussehen würde.

»Es hat keinen Sinn«, sagte Hyzo, der durch das Luk hereinstieg.

»Was soll das heißen?«

»Der alte Ledon hat mir verboten, die Züge auf der zweiten Fahrt zu begleiten. Einfach so.«

»Er kann Sie doch nicht daran hindern.«

»Das stimmt schon – *mich* nicht. Aber ich bin nur eine Person. Ich weiß, warum ich bei dieser Sache mitmache und was sie bedeutet. Ich habe nicht geantwortet, sondern bin einfach abgehauen. Aber wie viele werden das noch fertigbringen? In diesen Minuten rufen die Führer alle Techniker und Mechaniker zu sich. Sie werden den Leuten befehlen, was zu tun ist – und die werden gehorchen. Übrig bleibt eine Zwei-Mann-Revolution und kein Schlupfloch.«

»Noch sind wir nicht tot. Bleiben Sie hier, setzen Sie sich auf die Kabel, verriegeln Sie das Luk, machen Sie erst auf, wenn ich zurück bin. Ohne sie sind wir verloren.«

»Und wenn jemand sie mit Gewalt holen wollte? Einer von unseren eigenen Leuten?«

»Lassen Sie niemanden an die Kabel heran! Selbst wenn ...«

»Selbst wenn ich darum kämpfen müßte? Sie töten müßte?«

»Nein, so weit gehen wir nicht.«

»Warum nicht?« Hyzo sprach im Ernst. »Das Ziel rechtfertigt die Mittel.«

»Nein, das meine ich nicht. Tun Sie Ihr Bestes – ohne jemanden zu verletzen.«

Das Luk fiel dröhnend hinter Jan zu, und er hörte, wie die Riegel vorgedreht wurden. Er sprang von den Fahrketten und ging langsam auf die Kuppel zu. Der größte Teil der Menge war verschwunden, aber einige Leute waren noch in der Nähe. Sie musterten ihn neugierig, wandten sich aber ab, als er ihre Blicke erwiderte. Sie waren passiv, gewöhnt, Befehle auszuführen, sie würden keine Probleme machen. Es waren die Familienvorstände, gegen die er sich durchsetzen mußte.

Am Eingang standen keine Proktoren, was er dankbar vermerkte; er wollte keinen Ärger mit diesen Leuten. Jan schob leise die Tür auf und blieb hinter der Schwelle stehen. Dort waren sie, alle Familienvorstände, zu sehr damit beschäftigt, sich gegenseitig anzuschreien, um ihn zu bemerken. Er hörte zu.

»Wir müssen sie alle töten, das ist die einzige Antwort!« Taekengs Stimme klang brüchig; er schien sich wieder einmal heiser geschrien zu haben.

»Sie sind ein Dummkopf«, sagte die Hradil. »Wir brauchen die ausgebildeten Männer für die Maschinen. Wir müssen ihnen befehlen, uns zu gehorchen, und das tun sie dann auch. Das genügt für den Moment. Wenn er tot ist, werden wir sie einzeln bestrafen. Wir werden keinen vergessen.«

»Niemand wird bestraft!« sagte Jan und trat vor; er wirkte äußerlich so ruhig, wie die anderen erregt waren. »Ihr dummen Leute wollt einfach nicht erkennen, in welcher Klemme wir stecken. Wenn die Schiffe nicht kommen, erhalten wir keine Ersatzteile und keinen Treibstoff mehr. Unsere Panzer und Maschinen werden eine nach der anderen defekt sein, und kurze Zeit später werden wir alle sterben. Sollten die Schiffe aber doch kommen, brauchen sie soviel Korn, wie wir nur irgendwie zusammentragen können. Sie brauchen es für hungernde Menschen – und wir brauchen das Getreide als unser einziges Mittel ...«

Die Hradil spuckte ihm ins Gesicht; die Spucke traf ihn an der Wange und lief zu seinem Mundwinkel hinab. Er wischte die Feuchtigkeit mit dem Handrücken ab und bezwang seine Wut; es fiel ihm nicht leicht.

»Sie werden tun, was Ihnen befohlen wird!« sagte sie. »Sie werden keine Widerrede mehr erheben oder eigene Befehle geben! Wir sind die Familienvorstände, unser Wort gilt. Eine zweite Fahrt gibt es nicht. Sie werden ...«

»Sie verblödete alte Vettel, begreifen Sie nicht, was ich eben gesagt habe? Sind sie zu verkalkt, um zu begreifen, daß sich hier nichts mehr rührt, bis ich es zulasse? Ich habe wichtige Teile aller Maschinen, die sich erst wieder rühren, wenn alles wieder eingebaut ist. Ich würde diese Teile auf der Stelle vernichten, und wir alle sterben dann ein wenig früher. Ich tue das sofort, wenn Sie die zweite Getreidefahrt nicht zulassen. Wenn Sie das tun, verspreche ich Ihnen, daß ich keine weiteren Forderungen erhebe. Wenn wir zurückkehren, führen Sie von mir aus wie früher das Kommando. Sie geben die Befehle, und alle gehorchen. Geht das in Ordnung?«

»Nein! Sie werden uns keine Vorschriften machen!« Die Hradil konnte keine Kompromisse eingehen.

»Ich mache Ihnen keine Vorschriften. Ich bitte Sie um Ihr Einverständnis.«

»So schlecht ist der Plan gar nicht«, sagte Iwan Semenow. »Wir verlieren nichts, wenn sie zurückfahren, um das Getreide zu holen. Und wir haben versprochen ...«

»Bitten Sie um Abstimmung, Iwan«, sagte Jan. »Oder habt ihr alle Angst vor diesem gehässigen Scheusal?«

Urplötzlich strahlte die Hradil eine große Ruhe aus. Der Haß loderte nach wie vor in ihren Augen, doch ihre Stimme klang gelassen. »Gut, wir wollen uns nicht mehr streiten. Die Züge fahren baldmöglichst ab. Sie sind sicher alle einverstanden.«

Die Männer waren verwirrt. Sie verstanden nicht, was den plötzlichen Sinneswandel ausgelöst hatte. Jan aber wußte Bescheid. Sie war zur Konfrontation noch nicht bereit. Im Grunde war es ihr gleichgültig, ob die Züge abfuhren oder nicht. Ihr Anliegen war sein Tod, vorzugsweise ein langgezogener, schmerzhafter Tod. Von nun an mußte er mit dieser Gefahr leben – und er akzeptierte das.

»Ich weiß, Sie werden Iwan und der Hradil zustimmen«, sagte Jan. »Wir fahren ab, sobald das Korn gelöscht ist. Wir brauchen alle neuen Fahrer ...«

»Nein«, sagte die Hradil. »Es fahren nur Männer mit! Die Mädchen dürfen nicht mit so vielen Männern allein sein. Kein Mädchen darf mit! Alzbeta wird nicht mitfahren!«

Die letzten Worte warf sie herausfordernd hinterher, und beinahe wäre Jan darauf eingegangen. Dann wurde ihm klar, daß er alles aufs Spiel setzte, wenn er sich jetzt unnachgiebig zeigte. Er paßte sich ihrer kalten Ruhe an.

»Also gut, nur die Männer als Fahrer. Und jetzt gehen Sie bitte hinaus und geben Sie Befehl, daß mich alle bei der Arbeit unterstützen sollen. Machen Sie den Leuten klar, was hier vorgeht. Keine weiteren Lügen.«

»Das sollten Sie nicht sagen ...« meinte Iwan mit schwacher Stimme.

»Warum nicht? Es stimmt doch, oder? Geheime Zusammenkünfte, verstohlene Verurteilungen, heimliche Hinrichtungspläne, neue Lügen, damit dieser Ritterspach als der Dumme dasteht. Keinem von Ihnen traue ich über den Weg. Gehen Sie zu Ihren Familien! Sagen Sie Bescheid, was hier beschlossen wurde! Erst wenn allen klar ist, was geschehen soll, nehmen wir die Zugmaschinen wieder in Betrieb ...«

»Ergreift ihn und tötet ihn!« kreischte Taekeng.

»Bitte sehr – aber dann vernichtet ein anderer die Kabel.«

»Hyzo«, sagte Ledon. »Er hat sich so störrisch angestellt wie dieser Mann.«

»Wir geben die Befehle«, sagte die Hradil. »Geht hinaus und leitet alles in die Wege!«

13

Die Züge waren seit beinahe zwei Stunden startbereit; stumm standen sie in der Dunkelheit. Die Fahrer waren an Ort und Stelle und warteten auf Befehle. Nahrungsmittel und Vorräte für die Fahrt befanden sich im Hauswagen, wie auch der bekümmerte Arztanwärter Savas Tsiturides. Dr. Rosbagh sagte, sein Assistent sei mit seiner Ausbildung noch nicht fertig, er könne noch nicht selbständig arbeiten. Tsiturides hatte dies eifrig bestätigt. Trotzdem hatte er mitkommen müssen. Jan durfte seine Männer nicht auf die gefahrvolle Reise führen, ohne zumindest ein Minimum von medizinischer Betreuung sicherzustellen. Die letzten Einzelheiten waren geklärt, die dienstfreien Fahrer schliefen bereits, und er konnte keine anderen Vorwände vorbringen.

»In fünf Minuten bin ich wieder da«, sagte er, ohne sich um die fragenden Blicke seiner Besatzung zu kümmern. Er stieg von Panzer sechs hinab – auf der Rückfahrt wollte er die Panzer kommandieren – und ging an den Zügen entlang zurück. Dies war die Stelle – aber niemand war da. Es war ein Risiko gewesen, die erste Botschaft auszuschicken – und verrückt, eine zweite nachfolgen zu lassen. Aber er hatte es tun müssen. Der Mittelweg lag ruhig da, die Schlafperiode war erst zur Hälfte vorbei.

»Jan, bist du das?«

Er fuhr herum, und da stand sie, dicht neben dem Lager. Er eilte zu ihr.

»Ich wußte nicht, ob du kommen würdest.«

»Die Botschaft hat mich erreicht, aber ich konnte erst jetzt weg, wo alle schlafen. Sie läßt mich beobachten.«

»Komm mit!«

Eigentlich hatte er seine Argumente logisch und vernünftig vortragen wollen; er wollte ihr erklären, wie wichtig es war, daß sie sich das Stückchen Unabhängigkeit bewahrte, das sie schon erreicht hatte. Um ihre technischen Fähigkeiten zu vervollkommnen. Es waren gute Argumente. Daß er sie liebte und brauchte, hatte er gar nicht erwähnen wollen. Doch bei ihrem Anblick hatte er alles vergessen, und die Worte kamen ihm über die Lippen. Alzbeta fuhr entsetzt zurück.

»Das darf ich nicht. Es sind nur Männer in den Zügen.«

»Wir sind keine Tiere. Es wird dir nichts geschehen, niemand wird dich anfassen. Es ist wichtig für dich, für uns beide.«

»Die Hradil würde es niemals zulassen.«

»Natürlich. Deshalb mußt du ja ohne Erlaubnis mitkommen. Alles verändert sich, und wir müssen bewirken, daß dieser Wechsel schneller eintritt. Wenn die Schiffe nicht kommen, haben wir alle nur noch wenige Jahre zu leben. Wenn der Sommer kommt und wir die Fahrt nicht antreten können, werden wir verbrennen. Ich möchte diese wenigen Jahre mit dir verbringen, ich kann den Gedanken nicht ertragen, auch nur einen Tag zu versäumen.«

»Natürlich – das weiß ich doch.«

Sie lag in seinen Armen, und er preßte sie an sich, und sie leistete keinen Widerstand, sie versuchte sich nicht von ihm zu lösen. Über ihre Schulter erblickte Jan Ritterspach, der mit zwei Proktoren auf ihn zulief. Die Männer trugen Knüppel in den Händen.

Eine Falle – deshalb hatte sich Alzbeta verspätet! Man hatte seinen Brief abgefangen und sich vorgenommen, sie zusammen zu erwischen. Die Hradil mußte das alles arrangiert haben und freute sich jetzt sicher über ihren Erfolg.

»Nein!« rief Jan und schob Alzbeta beiseite. Kampfbereit duckte er sich nieder und streckte die Hände aus. Die Knüppel sollten ihn nicht töten, sondern lediglich peinigen – die Hradil wollte ihr Recht über ihn sprechen. »Nein!« rief er noch lauter und duckte den Knüppelhieb des ersten Proktors ab.

Der Hieb ging ins Leere, und Jan schlug energisch nach dem Proktor. Dem Mann stieß röchelnd die Luft aus, als er ihm einen Schlag gegen die Kehle versetzte, um sich den beiden anderen zuzuwenden.

Ein Knüppel traf ihn an der Schläfe, prallte hart auf seine Schulter. Schmerzerfüllt brüllte Jan auf, packte den Mann, nahm ihn in den Schwitzkasten und zog ihn als Schild zwischen sich und Ritterspach herum. Zum Glück war der große Mann noch immer feige genug, um zu zögern, so daß bisher die anderen beiden die Prügel hatten einstecken müssen. Aber jetzt konnte er nicht länger warten. Aus Angst, sich zu nahe heranzuwagen, hieb er zu früh los – und traf den Proktor, den Jan festhielt. Der Mann schrie auf. Ritterspach holte erneut aus.

»Nicht, hören Sie auf!« rief Alzbeta und versuchte die Kämpfer zu trennen. Der erste Proktor stieß sie grob zur Seite und wich zur Seite aus, um Jan von hinten anzugreifen. Schluchzend stürzte Alzbeta vor und lief genau in den wilden Hieb, den Ritterspach angesetzt hatte.

Jan hörte das dumpfe Geräusch, als das Holz sie an der Schläfe traf. Lautlos sank sie zu Boden.

Er wollte ihr helfen, doch zunächst mußte er sich um seine Gegner kümmern. Sein Zorn brach sich nun ungehemmt Bahn. Er zog energisch den Arm an, bis der Mann, den er an sich preßte, zu strampeln begann und schließlich erschlaffte. Jan packte seinen Knüppel und ließ den Körper des Mannes herumwirbeln, ohne sich um die Knüppelhiebe zu kümmern, die ihn trafen. Er warf den Bewußtlosen einem der Angreifer entgegen und setzte mit seiner Waffe nach, um sich hauend, bis beide sich nicht mehr rührten, dann fuhr er herum und nahm sich Ritterspach vor.

»Nicht ...«, sagte Ritterspach und hieb in panischem Entsetzen um sich. Jan antwortete nicht. Er ließ den Knüppel für sich sprechen, der den anderen am Arm traf, daß die Finger taub wurden und der Knüppel zu Boden fiel. Ein zweiter Schlag traf den Hinterkopf des Proktor-Captains, als dieser sich zur Flucht wandte.

»Was ist?« rief eine Stimme. Einer der Mechaniker lief am Zug entlang.

»Die Kerle haben mich angegriffen und Alzbeta niedergeschlagen. Holen Sie den Arzt, Assistent Tsiturides! Schnell!«

Jan bückte sich und hob vorsichtig Alzbeta in die Höhe. Angstvoll hielt er sein Gesicht vor das ihre. Ihre helle Haut war von dunklem Blut verschmiert. Sie atmete leise, aber regelmäßig.

Vorsichtig trug er sie zum nächsten Wagen, hob sie ins Innere und legte sie sanft auf den schmutzigen Teppichboden.

»Wo sind Sie?« rief eine Stimme. »Was ist passiert?«

Es war Tsiturides, der sich über die Männer am Boden beugte. Entsetzt richtete er sich auf, nachdem er Ritterspach untersucht hatte. »Der andere ist bewußtlos. Dieser aber – tot.«

»Nun, dann können Sie nichts für ihn tun. Alzbeta liegt hier, Sie wurde von dem Schwein niedergeschlagen. Kümmern Sie sich um Sie!«

Der Arzt drängte sich an ihm vorbei, und Jan sah zu, wie er neben ihr seine Tasche öffnete. Hastige Schritte waren zu hören, Jan schloß die Tür und betrachtete sie. Dann nahm er die Schlüssel aus der Tasche und sperrte ab.

»Der Spaß ist vorbei«, sagte er zu den Männern, die herbeigelaufen kamen. »Die Kerle haben mich überfallen, und ich habe einen erledigt. Jetzt wollen wir die Züge in Gang bringen, ehe es weitere Schwierigkeiten gibt.«

Es war ein dummer Impuls, doch so geschah es. Er hatte es nach dem Gesetz tun wollen, indem er die Hradil fragte, nur um spöttisch abgewiesen zu werden. Jetzt würde er es auf seine Weise tun. Auch dieser Schritt würde unwiderruflich sein.

Puffer klapperten gegeneinander, die Wagen bewegten sich zuerst nur langsam, dann immer schneller. Jan machte kehrt und eilte auf seinen Panzer zu, ungeduldig wartend, bis der Zug vorbeigerollt war, dann hastete er dicht vor den Reifen der nächsten Zugmaschine über den Weg.

»Fahren wir«, sagte er und schloß das Luk hinter sich. »Fahren Sie mich vor die Züge!«

»Wird auch Zeit«, sagte Otakar und gab Gas.

Jan entspannte sich erst, als der Mittelweg der Siedlung in die Felsfahrbahn der Straße überging, als die Lagerhäuser geschrumpft und hinter den letzten Wagen des letzten Zuges verschwunden waren. Später verschwanden auch die Zaunpfähle und das letzte Ackerland, und noch immer behielt er die Bildschirme im Auge. Niemand konnte sie verfolgen – weshalb schaute er dann so gebannt zurück? Die eine Zugmaschine, die zurückgeblieben war, stand als Kraftwerk reglos an ihrem Fleck. Vor wem floh er?

14

Jan kam zu dem Schluß, daß sie mindestens vier Stunden lang fahren mußten, ehe sie anhalten konnten. Doch er brachte es nicht fertig, so lange zu warten. Schon drei Stunden waren zuviel; er mußte wissen, wie es Alzbeta ging. Der Schlag schien nicht allzu kräftig ausgefallen zu sein, doch als er sie verließ, war sie ohnmächtig gewesen – oder tot. Dieser Gedanke war unerträglich; er mußte Gewißheit haben. Als die zweite Stunde verstrichen war, gab er klein bei.

»Alle Einheiten«, befahl er. »Kurze Rast! Fahrerwechsel, wenn Sie wollen. Bremsbeginn jetzt!«

Noch während er den Befehl sprach, steuerte er den Panzer aus der Kolonne, ließ ihn auf den Ketten um hundertachtzig Grad drehen und donnerte an der Kolonne der bremsenden Züge entlang zurück. Er fand den Wagen, in dem er Alzbeta und den Arzt zurückgelassen hatte, machte wieder kehrt, fuhr langsamer werdend neben dem haltenden Wagen her und sprang ab, kaum daß der Zug zum Stillstand gekommen war. Den passenden Schlüssel hielt er in der Hand, und er riß die Tür auf. Ein zorniger Dr. Tsiturides fuhr zu ihm herum.

»Was für eine Beleidigung, mich hier einzuschließen ...«

»Wie geht es ihr?«

»Dieser Wagen ist staubig, ungesäubert und läßt jede vernünftige Einrichtung vermissen.«

»Ich habe gefragt, wie es ihr geht!«

Der kalte Zorn in seiner Stimme nahm den Beschwerden des Arztes ihren Schwung, und er trat einen Schritt zurück. »Es geht ihr so gut, wie unter den Umständen erwartet werden kann. Sie schläft. Eine leichte Gehirnerschütterung; ich bin sicher, mehr ist es nicht. Man kann sie getrost allein lassen, und das werde ich jetzt tun.«

Er griff nach seiner Tasche und lief davon. Jan wollte in den Wagen schauen, fürchtete aber, sie zu wecken. Im nächsten Augenblick ertönte Alzbetas Stimme.

»Jan? Bist du da?«

»Ja, ich komme zu dir hinein.«

Sie ruhte auf einem Lager aus Decken, das der Arzt zusammengerichtet hatte. Eine weiße Binde schützte ihren Kopf. Durch das gardinenlose Fenster drang genug Licht herein, um ihr Gesicht zu zeigen, das beinahe so bleich war wie der Stoff.

»Jan, was ist passiert? Ich weiß noch, daß wir uns unterhalten haben, aber dann?«

»Die Hradil hat mir eine Falle gestellt – und du warst der Köder. Ritterspach und zwei seiner Männer sind gekommen. Sie wollten mich verhaften oder töten, ich weiß es nicht. Aber der schöne Plan ging fehl, als du ihnen in den Weg gerietest. Ich fürchte, ich ... habe die Beherrschung verloren.«

»Ist das denn etwas Schlimmes?«

»Ja, für mich schon. Ich wollte nicht, daß es so endete – aber Ritterspach ist tot.«

Ihr stockte der Atem; Gewalt war sie nicht gewöhnt. Jan spürte, wie sie ihm die Hand entzog.

»Tut mir leid«, sagte er. »Es tut mir leid, daß jemand sterben mußte.«

»Du wolltest es bestimmt nicht tun.« Sie sprach die Worte, aber sie hörten sich nicht sehr überzeugt an.

»Nein – ich wollte es tun. Ich würde wieder so handeln, wenn ich müßte. Genau so. Ich will mich nicht entschuldigen, sondern dir nur eine Erklärung geben. Er traf dich mit dem Knüppel, und du brachst zusammen und hättest auch tot sein können. Die Männer hatten die Knüppel, drei gegen einen, und ich habe mich gewehrt. Und so sieht das Ergebnis aus.«

»Ich verstehe dich schon, aber ein gewaltsamer Tod – das ist mir fremd.«

»Hoffentlich bleibt es so. Ich kann dich nicht zwingen, mich zu verstehen oder so zu fühlen wie ich. Soll ich jetzt gehen?«

»Nein!« Das Wort entrang sich ihr. »Ich sagte, es fiele mir schwer, so etwas zu verstehen. Aber es heißt nicht, daß sich meine Gefühle für dich verändert hätten. Ich liebe dich.«

»Mein Handeln war unvernünftig, vielleicht sogar dumm. Daß ich aus Liebe zu dir so reagiert habe, ist keine Entschuldigung.« Ihre Hände fühlten sich zwischen den seinen sehr kalt an. »Ich verstehe durchaus, wenn du mir an den Ereignissen die Schuld gibst.

Dich in diesen Zug zu stecken und zu entführen. Wir sprachen gerade darüber, als wir angegriffen wurden. Deine Antwort habe ich nicht gehört.«

»Nein!« Zum erstenmal lächelte sie. »Es gibt nur eine Antwort. Ich werde der Hradil immer gehorchen. Aber da sie nicht mehr hier ist und Befehle geben kann, geht es nicht mehr ums Gehorchen oder Nichtgehorchen. Ich kann dich lieben, wie ich es immer gewollt habe, ich kann immer bei dir sein.«

»Jan!« meldete sich eine Stimme von außen. Zweimal wurde der Ruf wiederholt, bis er etwas merkte. Auf seinem Gesicht stand ein törichtes Lächeln, und er umfaßte sie sanft anstelle der Worte, die ihm nicht einfallen wollten. Dann stand er auf.

»Ich muß gehen. Ich kann dir nicht sagen, wie ich fühle ...«

»Ich weiß. Ich werde jetzt schlafen. Es geht mir schon viel besser.«

»Möchtest du etwas zu essen, zu trinken?«

»Nichts. Nur dich. Komm zurück, so bald du kannst.«

Der Beifahrer des Panzers lehnte aus dem Luk. »Jan, eine Nachricht«, sagte er. »Semenow wollte den Grund für die Rast wissen und fragt, wann wir weiterfahren.«

»Ihn wollte ich gerade sprechen. Sagen Sie ihm, wir fahren weiter, sobald ich zu ihm in die Maschine gestiegen bin. Fahren wir!«

Iwan Semenow war noch immer Zugmeister. Nachdem die Familien und ihre Probleme zurückgeblieben waren, hatte Jan das Kommando der ersten Zugmaschine an ihn abgetreten. Probleme, die es jetzt noch gab, würden vermutlich von der Straße ausgehen – Probleme, die er am besten vom ersten Panzer aus in Angriff nahm. Jan erstieg die Leiter zur Fahrerkabine, und Iwan ließ die Züge anfahren, kaum daß er das Luk geschlossen hatte.

»Was soll die Verzögerung?« erkundigte sich Semenow. »Jede Stunde ist kostbar, wie Sie selbst immer wieder gesagt haben.«

»Kommen Sie mit in den Maschinenraum, dann sag ich's Ihnen.« Jan hielt den Mund, bis der Techniker sich zurückgezogen hatte und das Luk verschlossen war. »Ich möchte gern heiraten.«

»Ich weiß, aber das ist eine Sache zwischen Ihnen und der Hradil. Wenn Sie wollen, kann ich mit ihr sprechen. Das Gesetz äußert sich nicht klar über die Familien, in die das Mädchen nicht hineinheiraten könnte. Es ließe sich eine Entscheidung herbeiführen. Aber es liegt bei der Hradil ...«

»Sie verstehen mich falsch. Sie sind ein Familienvorstand. Und das heißt, daß Sie Ehen schließen können. Und darum bitte ich Sie. Alzbeta ist hier, bei uns in einem Zug.«

»Unmöglich!«

»O doch. Was werden Sie tun?«

»Die Hradil würde das nie zulassen.«

»Die Hradil kann es nicht verhindern. Sie sollten also allein zu einem Entschluß kommen, dieses eine Mal wenigstens. Kommen Sie zu einem Schluß! Wenn es geschehen ist, gibt es kein Zurück mehr. Und die böse alte Frau kann Ihnen nichts anhaben.«

»Darum geht es nicht. Wir müssen das Gesetz bedenken ...«

Angewidert spuckte Jan auf den Boden und verrieb die Spucke mit der Schuhsohle auf dem Stahlboden. »Soviel zu Ihrem Gesetz. Das Ganze ist eine künstliche Erfindung, wußten Sie das? Auf der Erde gibt es so etwas wie Familien und Familienvorstände nicht, geschweige denn Tabus über Ehen zwischen ausgewählten Gruppen. Ihre sogenannten Gesetze sind willkürliche Erfindungen, zusammengeschrieben von Anthropologen, die dafür bezahlt wurden. Sie haben in den Textbüchern herumgekratzt und Fragmente untergegangener Kulturen zusammengefischt, um eine Verfassung zusammenzukochen, die die Bevölkerung einer Welt einschüchtert und gefügig macht – und bei der Arbeit hält. Im ewigen Zustand der Dummheit.«

Semenow wußte nicht, ob er entsetzt oder empört reagieren sollte; ungläubig schüttelte er den Kopf wie ein Physiker, dem man einredet, daß grundlegende Naturgesetze nicht mehr gelten sollten.

»Warum sagen Sie solche Dinge? Sie können das unmöglich ernst meinen. So haben Sie doch noch nie gesprochen!«

»Natürlich nicht. Das wäre ja auch Selbstmord gewesen. Ritterspach war Polizeispitzel – neben allem anderen, was ihn so liebenswert machte. Er hätte jedes meiner Worte gemeldet, sobald die Schiffe da waren, und ich wäre bei der nächsten Gelegenheit tot aufgefunden worden. Aber da die Schiffe nicht kommen, ist es egal. Alles ist anders geworden. Jetzt kann ich Ihnen einiges über die gute alte Erde erzählen ...«

»Ich will keine weiteren Lügen hören.«

»Wahrheiten, Semenow, zum erstenmal in Ihrem Leben *Wahrheiten!* Lassen Sie mich einige Worte über Kulturen verlieren. Die Menschheit hat sie geschaffen. Sie sind künstliche Gebilde, ebenso erfunden wie das Rad oder die Dampfturbine. Viele verschiedene Kulturen, die auf die eine oder andere Weise auch funktionieren mußten, wenn sie überleben wollten. Aber das ist alles nur Geschichte, denn auf der Erde gibt es nur noch zwei Klassen – die Herrscher und die Beherrschten. Und einen schnellen Tod für jeden, der an dieser Situation etwas ändern möchte. Und diese höchste und monolithische Gesellschaftsform ist sogar zu den Sternen exportiert worden. Auf all die dicken, reichen Welten, die die Menschheit entdeckt hat. Doch nicht auf alle Planeten – nur auf die gemütlichen. Wenn es darum geht, einen sehr ungemütlichen Planeten zu besiedeln – einen Planeten wie diesen –, dann werden die besoldeten Professoren gerufen und erhalten ihren Auftrag. Liefern sie uns eine stabile, unterwürfige Kultur, denn jedes Problem würde die billige Nahrungsmittelproduktion verlangsamen, wo doch dringend billige Nahrung gebraucht wird, und zwar in Massen. Eine angenehm ahnungslose Kultur, denn Bauern können ja ruhig dumm sein und leisten trotzdem gute Arbeit. Natürlich werden auch technische Fähigkeiten gebraucht, dafür muß also Vorsorge getroffen werden. Also ein bißchen hier, ein bißchen da, und auswählen, bestimmen und ins Gleichgewicht bringen, dann alles zusammenrühren, und schon hat man Beta Aurigae III. Diesen Planeten. Geduldige Fabrikarbeiter, die sich in einem Zustand der Dummheit abplagen ...«

»Hören Sie auf, solche Lügen möchte ich nicht hören!« Semenow war entsetzt.

»Weshalb sollte ich noch lügen? Wenn die Schiffe nicht kommen, sind wir sowieso alle tot. Aber bis das soweit ist, möchte ich wieder wie ein Mensch leben, nicht wie ein stummer Sklave wie ihr übrigen. Wenigstens haben Sie eine gute Entschuldigung, Sie sind durch Dummheit versklavt, durch einen Mangel an Wissen. Meine Sklavenfessel ist die Angst. Man beobachtet mich, davon bin ich überzeugt. Solange ich mich konform verhalte und keinen Ärger mache, wird mir nichts geschehen. Und so ist es jahrelang gelaufen. Die Bewacher haben es gern, daß ich hier bin. Ein Planet als Gefängnis – und gleichzeitig nützen ihnen meine Kenntnisse. Aber sie *brauchen* mich nicht. Wenn ich Ärger mache, sterbe ich. Unterdessen sind all die Beträge, die in meine Ausbildung investiert wurden, nicht verloren. Man hat mich hierhergeschickt, damit ich diese Fähigkeiten nutze. Mit dem strengen Hinweis, daß ich hier mein Leben friedlich zu Ende bringen könnte, ohne daß man mich weiter belästigen würde. Wenn ich aber nur ein Wort darüber verlöre, wie das Leben außerhalb des Planeten aussieht, würde ich sterben müssen. Ich bin also tot, Semenow, ist Ihnen das klar? Wenn die Schiffe nicht kommen, bin ich tot. Wenn sie kommen und sie sind von denselben Leuten wie früher ausgeschickt, nun, dann verlieren Sie ein Wörtchen über meine Äußerungen – und ich bin ebenfalls tot. Ich liefere mich Ihnen also aus – und das aus dem besten Grund von allen – aus Liebe. Verheiraten Sie uns, Semenow, mehr brauchen Sie nicht zu tun.«

Semenow rang die Hände. Er wußte nicht mehr, was er denken sollte. »Sie sagen da höchst beunruhigende Sachen, Jan. Wenn ich allein bin, stelle ich mir zuweilen auch so manche Frage, doch bisher hat niemand sie auszusprechen gewagt. Allerdings sind die Geschichtsbücher sehr präzise ...«

»Die Geschichtsbücher sind alle gefälscht, die reinsten Romane – und sehr langweilig dazu.«

»Jan«, meldete sich die Stimme aus dem Lautsprecher im Maschinenraum. »Ein Anruf für Sie.«

»Stellen Sie durch!« Es gab ein statisches Knistern, dann war Lee Cious Stimme zu hören.

»Jan. Es gibt Schwierigkeiten. Einer der Panzer ist aus der Fahrkette gesprungen. Er ist an den Straßenrand gefahren, die Leute arbeiten dran. Ihr müßtet ihn in wenigen Minuten erreicht haben.«

»Danke. Ich kümmere mich darum.«

Als Jan den Maschinenraum verließ, saß Semenow gedankenversunken da und merkte gar nicht, daß er alleingelassen wurde. Die Zugmaschine bremste ab, als die beiden stehenden Panzer in Sicht kamen. Jan schätzte die Entfernung ab.

»Gehen Sie im Vorbeifahren auf zehn Kilometer herunter. Ich springe ab.«

Er öffnete die Tür, und feuchtschwüle Luft wogte herein. Wenn er den Zug das nächstemal verließ, mußte er vermutlich wieder einen Kühlanzug anlegen. Er kletterte zur untersten Sprosse hinab und verweilte einen Augenblick, dann sprang er in Fahrtrichtung ab und winkte zur Maschine hinauf, die sofort wieder beschleunigte. Lee Ciou und zwei Mechaniker hatten die zerrissene Laufkette auf die Steinfläche der Straße gelegt und hämmerten die Verbindungsstücke zum zerrissenen Glied heraus.

»Ein gebrochenes Glied«, sagte Lee Ciou. »Unmöglich zu reparieren. Ein Materialfehler, ein Haarriß – das sieht man hier an der kristallinen Beschaffenheit der Bruchstelle.«

»Großartig«, sagte Jan und kratzte mit dem Fingernagel an der Bruchstelle herum. »Legen Sie eine Ersatzkette auf.«

»Wir haben keine. Die sind alle aufgebraucht. Aber wir könnten eine vom anderen Panzer nehmen ...«

»Nein. Das tun wir nicht.« Jan blickte zum Himmel empor. Es geht schon los, überlegte er. Die Schiffe kommen nicht, das Material ermüdet und kann nicht ersetzt werden. So wird es mit uns zu Ende gehen. »Lassen Sie den Panzer stehen, wir wollen wieder aufschließen.«

»Aber wir können ihn doch nicht einfach stehenlassen!«

»Warum nicht? Wenn wir uns jetzt schon Ersatzteile zusammensuchen, was soll dann passieren, wenn es den nächsten Defekt gibt? Wir lassen den Panzer stehen und fahren weiter. Schließen Sie ab, und wenn die Schiffe kommen, holen wir ihn.«

Es dauerte nur wenige Minuten, die wenigen persönlichen Habseligkeiten der Besatzung herauszuholen und das Luk zu verriegeln. Stumm stiegen die Männer in den anderen Panzer und legten Tempo vor, um die inzwischen vorbeigefahrenen Züge wieder einzuholen. Etwa um diese Zeit meldete sich Semenow über Funk.

»Ich habe seit unserem Gespräch viel nachgedacht.«

»Das hoffe ich, Iwan.«

Ich möchte, daß Sie mit – Sie wissen schon – sprechen, ehe ich eine Entscheidung treffe. Sie verstehen?«

»Anders soll es auch gar nicht sein.«

»Dann möchte ich Sie sprechen. Ich habe da einige Fragen. Ich kann nicht

behaupten, daß ich Ihrer Meinung bin, nicht in allen Einzelheiten. Doch ich glaube, ich werde tun, um was Sie mich bitten.«

Jans sieghafter Aufschrei ließ den Panzerfahrer zusammenfahren; seine Hand zuckte an den Kontrollen, und das Fahrzeug beschleunigte ruckartig.

15

Den Ingenieuren, die die Straße gebaut hatten, mußte es große Freude bereitet haben, die Natur auf die denkbar dramatischste Weise zu besiegen. Die hohe Bergkette, die auf der Straßenkarte die Kennzeichen 32-BL trug, hätte auf verschiedene Weise überwunden werden können. Ein einfacher langer Tunnel hätte den Zweck ohne weiteres erfüllt, ein direkter Weg zu den vorgelagerten niedrigeren Küstenbergen, wo die Straße mühelos hätte weitergeführt werden können. Die Planer hatten diese einfache Lösung aber verschmäht. Statt dessen stieg die Straße in weiten und leicht zu bewältigenden Biegungen beinahe bis zur Spitze der Bergkette auf und führte dabei über die eingeebneten Gipfel einiger kleinerer Berge. Und dort oben blieb sie. Sie durchstieß einen hohen Berg nach dem anderen mit schurgerade verlaufenden Tunneln. Das Geröll aus den Tunneln war zum Auffüllen der dazwischenliegenden Täler verwendet und dann zu festem Gestein verschmolzen worden. Dabei war reichlich Energie zum Einsatz gekommen, aber nicht umsonst. Die Straße war vorhanden – als Denkmal für die Geschicklichkeit und das Können dieser Männer.

Am Eingang des Tunnels durch den größten Berg erstreckte sich eine riesige eingeebnete Fläche. Zweifellos hatten die Erbauer der Straße diese Fläche zum Abstellen ihrer großen Maschinen benutzt. Wie riesig diese gewesen waren, ließ sich an der Tatsache ablesen, daß alle Züge hier nebeneinander aufgefahren werden konnten. Hier machten die Familien gern Rast, hier wurden Reparatur- oder Wartungsarbeiten an den Zügen durchgeführt, hier bot sich Gelegenheit, nach endlosen Tagen in den engen Wagen wieder einmal zusammenzukommen. Auch jetzt hielten die Züge an.

Ein großer Vorteil war die Höhe – und die Tatsache, daß sich

Flachpunkt, wie die Stelle genannt wurde, auf der Schattenseite des Berges befand. So war es zwar heiß, aber doch so erträglich, daß sich die Besatzungen ohne Kühlanzüge bewegen konnten. Die Männer schritten langsam auf und ab, reckten sich lachend, froh über die Unterbrechung der eintönigen Fahrt, auch wenn sie den Grund nicht kannten. Eine Zusammenkunft um 21.30 Uhr, an der Maschine vor Zug eins. Eine angenehme Abwechslung.

Iwan Semenow wartete, bis alle da waren, dann stieg er auf die notdürftig aus Schmierölfässern zusammengestellte Plattform, die mit einer dicken Plastikplane abgedeckt war. Er sprach ins Mikrofon, und seine Lautsprecherstimme rollte über die Männer dahin und forderte ihre Aufmerksamkeit.

»Ich möchte Ihren Rat einholen«, sagte er. Seine Worte lösten ein schnell unterdrücktes Murmeln unter den Männern aus. Familienvorstände fragten niemals um Rat, sie gaben Befehle. »Das mag Ihnen seltsam erscheinen, aber wir leben auch neuerdings unter ungewöhnlichen Umständen. Der Rhythmus unseres Lebens, unserer Existenz ist unterbrochen worden und kehrt vielleicht nie zurück. Die Schiffe sind zum vorgesehenen Zeitpunkt nicht gekommen – und tauchen vielleicht nie wieder auf. Wenn das geschieht, können wir nicht weiterleben; darüber brauchen wir kein Wort mehr zu verlieren. Weil sie nicht gekommen sind, haben wir soviel Getreide wie möglich nach Südland gebracht und fahren jetzt zurück, um noch eine volle Ladung zu holen. Um das zu erreichen, habt Ihr Männer euch gegen die Herrschaft der Familienvorstände aufgelehnt. Streiten Sie es nicht ab – sehen Sie der Wahrheit ins Auge. Sie haben Widerstand geleistet und gesiegt. Wenn Sie es wissen wollen – ich war unter den Familienvorständen der einzige, der Ihren Standpunkt vertreten hat. Vielleicht liegt das daran, daß ich wie Sie mit Maschinen arbeite und irgendwie anders bin als die Landleute. Ich weiß es nicht. Aber ich weiß, daß ein Prozeß der Veränderung eingesetzt hat und nicht wieder aufgehalten werden kann. Aus diesem Grund will ich Ihnen jetzt von einer anderen Veränderung erzählen. Sie alle haben schon die Gerüchte gehört – da will ich jetzt die Tatsachen auf den Tisch legen. Dies ist keine reine Männerexpedition. Wir haben eine Frau bei uns.«

Diesmal ging seine Stimme im Gemurmel unter, und die Männer rückten näher heran in dem Versuch, sich die Plattform genauer anzusehen. Semenow hob die Hände, und allmählich kehrte die Stille zurück.

»Es ist Alzbeta Mahrowa, die Sie alle kennen. Sie ist aus eigenem Entschluß hier. Ferner hat sie beschlossen, Jan Kulozik zu heiraten, und er ist dazu bereit.«

Jetzt mußte er brüllen, um sich verständlich zu machen; mehrmals bat er um Ruhe. Schließlich drehte er den Lautsprecher so weit auf, daß seine Stimme von den Felswänden donnernd widerhallte. Als man ihn wieder verstehen konnte, fuhr er fort:

»Ruhe bitte, hören Sie sich an, was ich zu sagen habe! Ich sagte, ich wollte einen Rat von Ihnen, und das stimmt. Als Familienvorstand habe ich die Vollmacht, dieses Paar zu verheiraten. Der Vorstand von Alzbetas Familie hat aber die Verbindung untersagt. Ich glaube, ich weiß, was ich tun sollte, aber was meinen Sie, wie die Entscheidung aussehen sollte ...?«

Es gab keinen Zweifel. Das Jubelgeschrei brauste lauter als eben die brüllend verstärkte Stimme Semenows. Wenn es Widersprüche gab, so gingen sie im Lärmen der überwiegenden Mehrheit unter. Als Jan und Alzbeta aus dem Zug stiegen, wurde das Gebrüll noch lauter. Die Männer nahmen ihn lachend auf die Schultern und trugen ihn herum – während die Gesetze andererseits noch so stark wirkten, daß sie das Mädchen nicht anrührten.

Die Feier war kurz, aber fröhlich, anders als jede andere Hochzeit, der man bisher beigewohnt hatte, weil das Publikum nur aus Männern bestand. Die Fragen wurden gestellt, die Antworten wurden ausgesprochen, die Hände wurden zusammengeführt und damit auch ihr Leben, im Zeichen der Ringe. Alle Anwesenden prosteten sich zu, und es war vorbei. Es gab nur ein Getränk, da die Zeit drängte. Die Flitterwochen würden im rollenden Zug stattfinden.

Durch die Bergkette ging es, und in die ewige brennende Hitze der tropischen Sonne. Sie kamen schneller voran als auf der ersten Fahrt, denn die Straße war freigeräumt, und die Züge fuhren unbeladen. Die Panzermannschaften hielten einen großen Vorsprung, und die einzige Schwierigkeit war das überflutete Stra-

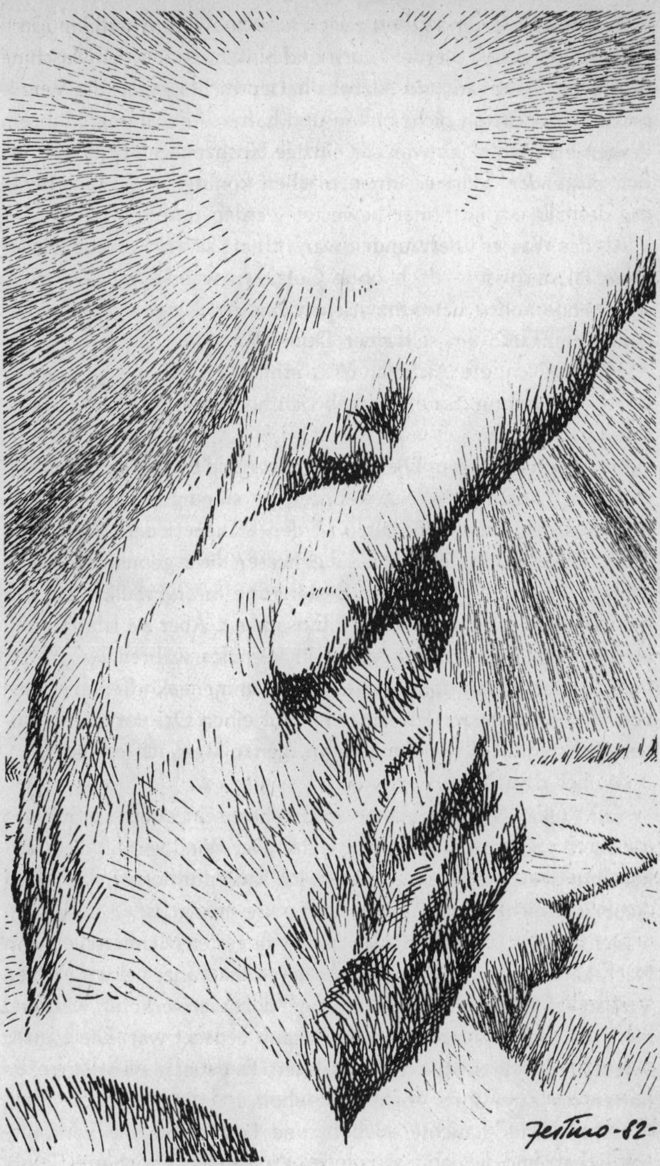
Festino-82-

ßenstück. Die leeren Wagen gerieten ins Schwimmen und mußten einzeln übergeholt werden, vorn und hinten mit je einer Maschine beschwert. Nur Jan und Alzbeta hatten nichts gegen die Verzögerung; sie durften nicht helfen und hatten Anordnung, in ihrem Wagen zu bleiben. Es war das einzige Hochzeitsgeschenk, das die sich plagenden Männer ihnen machen konnten - ein Geschenk, das deshalb um so höher bewertet werden mußte.

Als das Wasser überwunden war, öffnete sich die Straße wieder ohne Hindernisse - doch ohne Gefahren war sie nie. Die ewig scheinende Sonne hatte inzwischen eine Art Messingfärbung angenommen, und ein seltsamer Dunst lag in der Luft.

»Was ist?« fragte Alzbeta. »Was stimmt nicht?«

»Keine Ahnung. So etwas habe ich noch nie gesehen«, antwortete Jan.

Sie waren wieder im Dienst, als Fahrer und Beifahrer einer Zugmaschine. Auf diese Weise konnten sie ständig zusammen sein, während der Arbeit wie auch in den Ruheperioden. Sie hatten nichts dagegen, im Gegenteil, sie genossen diese gemeinsame Zeit. Alzbeta fand darin die letzte Bestätigung ihrer Fraulichkeit. Für Jan bedeutete dies das Ende der Einsamkeit. Aber sie lebten nicht in einer Welt, die Frieden und Glück endlos währen ließ.

»Staub« sagte Jan und starrte mit zusammengekniffenen Augen zum Himmel empor. »Ich kann mir nur einen Ort vorstellen, woher der stammt. Ich nehme es an, genau weiß ich es nicht.«

»Woher denn?«

»Ein Vulkan. Wenn Vulkane ausbrechen, schleudern sie Staub in die oberen Schichten der Atmosphäre. Der Wind verteilt die Partikel dann überall auf dem Planeten. Ich kann nur hoffen, daß dieser Ausbruch nicht in der Nähe der Straße erfolgt ist.«

Der Ort des Geschehens lag näher, als es den Männern lieb war. Nach kaum zwanzig Stunden meldeten die Panzer einen aktiven Vulkan am Horizont. Der Dschungel dort war verkohlt, während die Straße mit Lavabrocken und Staub bedeckt war. Die Panzer versuchten sich einen Weg zu bahnen. Es dauerte nicht lange, da hatten die Züge ihre Vorhut eingeholt.

»Schrecklich!« hauchte Alzbeta und betrachtete die verkohlte Landschaft und die dahinwirbelnden Wolken aus Rauch und Staub.

»Wenn es nicht schlimmer wird, kommen wir durch«, sagte Jan.

Die Fahrzeuge krochen mit Minimalgeschwindigkeit, als sie den Vulkan passierten, denn die Straße konnte nicht völlig geräumt werden. Sie bewegten sich in einem Schauer herabstürzender Brocken. Der Vulkan erhob sich kaum zehn Kilometer von der Straße entfernt, noch immer aktiv, eingehüllt in Rauch- und Dampfwolken, die von roten Blitzen durchzuckt und von glühenden Lavaströmen angestrahlt wurden.

»Auf eine Weise bin ich ein wenig überrascht, daß wir auf ein solches Problem erst jetzt stoßen«, sagte Jan. »Beim Bau der Straße muß man doch zahlreiche künstliche Erdbeben ausgelöst haben. Das steht eindeutig in den Unterlagen. Und um einen Vulkanausbruch in Gang zu bringen, braucht man nur einen Bruchteil der Energie, die dann freigesetzt wird. Die Erbauer kannten ihr Geschäft und verließen den Planeten erst, als der seismische Druck überall hinreichend abgebaut war. Aber natürlich gibt es keine Garantie, daß er überall vorbei war. Wie wir dort drüben bemerken können.« Düster starrte er auf den Vulkan, der allmählich hinter den Zügen zurückblieb.

»Aber es ist doch vorbei«, sagte sie. »Wir sind durch.«

Jan wollte ihr fröhliches Lächeln nicht verscheuchen, indem er sie daran erinnerte, daß sie die Rückfahrt ja auch noch schaffen mußten. Sie sollte sich das Glück der Stunde bewahren.

Dann erreichten sie die verbrannten Ackerflächen und die riesigen Silos, die unter den erbarmungslosen Sonnenstrahlen lagen. Die Verladung des Getreides begann, ein langsamer Vorgang, weil die Zahl der Kühlanzüge beschränkt war. Doch die Arbeit lief ohne Pause ab; wenn ein Mann Schluß machte, nahm ein anderer seinen Platz ein, indem er eine frisch aufgeladene Batterie in den Kühlanzug steckte und sich vorsah, das brennendheiße Metall der Außenseite nicht zu berühren. Hinaus in die Hitze, um den Verladeschlauch in die Öffnung der Wagendächer zu halten, um die Laderäume bis zum Rand zu füllen. Der Wagen wurde vorgezogen, das Loch wurde geschlossen, das nächste Fahrzeug erschien. Die Straße war knietief von Getreide überschwemmt, denn die Männer gaben sich keine Mühe mehr, vorsichtig zu arbeiten; Tempo war wichtiger als Getreideverluste. Es würde mehr

Getreide zum Verbrennen zurückbleiben, als sie auf dieser Fahrt mitnehmen konnten. Als der letzte Zug verladen wurde, setzte sich Jan mit Semenow in Verbindung.

»Ich fahre jetzt mit den Panzern los. Am meisten Sorgen macht mir der Straßenabschnitt am Vulkan.«

»Den können Sie doch leicht räumen.«

»Das liegt mir nicht im Magen. Der Vulkan scheint sich allmählich zu beruhigen. Aber vor einigen Tagen hat es doch dieses schwere Erdbeben gegeben. Wenn wir das sogar hier mitbekommen haben, wie stark hat es sich dann am Vulkan ausgewirkt? Vielleicht ist die Straße beschädigt. Ich brauche einen ordentlichen Vorsprung.«

Widerstrebend nickte Semenow. »Ich will nur hoffen, daß Sie sich irren.«

»Ich auch. Ich melde mich, sobald ich dort bin.«

Die Panzer fuhren mit Höchstgeschwindigkeit und brachten die Strecke ohne Halt hinter sich. Jan schlief gerade, als sie die Vulkangegend erreichten, und Otakar, der im ersten Panzer sein Beifahrer war, kam zu ihm herab und schüttelte ihn wach.

»Schwere Verwehungen auf der Straße, aber ansonsten sieht es nicht übel aus.«

»Ich komme sofort rauf.«

Sie überließen es den Panzern mit Räumschaufeln, die Straße freizumachen und mahlten über die hügeligen Staubberge voran. Die Luft war klar, und gleich darauf kam der Vulkankegel in Sicht. Endlich verstummt; über dem Krater stand nur noch eine schwache Rauchwolke.

»Da bin ich aber wirklich erleichtert«, sagte Otakar.

»Das kann man wohl sagen.«

Sie fuhren weiter, bis der Panzer auf eine gewaltige Staub- und Gesteinsbarriere stieß, die die Straße völlig versperrte. Ihnen blieb nichts anderes übrig, als auf die Seite zu fahren und auf die Räumpanzer zu warten. Die kamen bald, denn im ersten Durchgang schoben sie nur einen Weg frei, der gerade breit genug für sie selbst war. Später würden sie zurückkehren und die Durchfahrt für die Züge erweitern.

Der Fahrer des Räumpanzers winkte, als er sich der riesigen

Masse annahm, und war bald dahinter verschwunden. *»Es wird schon wieder flacher«*, meldete er über Funk. *»Die Barriere ist auf dieser Seite nicht tief ...«* Er brach ab und japste.

»Was ist?« fragte Jan. »Bitte melden Sie sich! Können Sie mich hören?«

»Das sollten Sie sich selber ansehen«, antwortete der Fahrer. *»Aber kommen Sie langsam.«*

Jan ließ seinen Panzer durch die Lücke rollen. Vor sich sah er die Kettenspuren des anderen Fahrzeugs, sah, daß der Panzer rückwärts zur Seite gewichen war, damit er die Straße weiter vorn einsehen konnte.

Nun war klar, warum der Fahrer nicht weitergesprochen hatte. Es gab dort vorn keine Straße mehr. Sie endete am Rand eines Abgrunds, eines kleinen Tals, das mindestens einen Kilometer breit zu sein schien.

Der Boden hatte sich aufgetan und die Straße verschluckt. An ihrer Stelle tat sich eine unüberbrückbare Leere auf.

16

»Sie ist fort – die Straße ist weg!« sagte Otakar mit gepreßter Stimme.

»Unsinn!« Jan war aufgebracht. Er gedachte sich nicht aufhalten zu lassen. »Dieser Riß kann ja nicht endlos sein. Wir folgen ihm weg vom Vulkan, fort von der Zone seismischer Aktivität.«

»Hoffentlich haben Sie recht.«

»Na, etwas anderes bleibt uns doch wohl kaum übrig – oder?« In dem Lächeln, das diese Worte begleitete, lag keine Wärme.

Es war eine langsame und gefährliche Arbeit, sobald sie die harte Oberfläche der Straße verlassen hatten. Der verbrannte Dschungel war eine Barriere voller Baumstümpfe, dazwischen Gruben, die mit Asche und Staub gefüllt waren und die einem Panzer zum Verhängnis werden konnten. Auf die eine oder andere Weise kam jeder Panzer mal an die Reihe; dann stiegen erschöpfte Fahrer in Kühlanzügen ins Freie und brachten Trossen an, mit denen das festsitzende Gefährt freigeschleppt wurde. Staub und Asche klebten an den Anzügen und wurden in die Panzer geschleppt, bis alles schmutzig verschmiert war. Nach endlosen mühseligen Stunden waren die Männer dem Zusammenbruch nahe. Jan traf die einzig richtige Entscheidung und rief eine Rast aus.

»Wir machen Pause. Machen uns ein bißchen sauber. Gelegenheit zum Essen und Trinken.«

»Ich habe das Gefühl, als würde ich nie wieder sauber werden«, bemerkte Otakar und verzog das Gesicht, als das Essen zwischen seinen Zähnen knirschte. Das Funkgerät erheischte Aufmerksamkeit, und Jan schaltete es ein.

»Hier Semenow. Wie geht es voran?«

»Langsam. Ich mache einen großen Bogen in der Hoffnung, die Erdspalte umgehen zu können. Ich möchte keinen zweiten Weg durch den Dschungel brechen müssen. Sind Sie mit dem Beladen fertig?«

»Der letzte Zug ist voll und verschlossen. Ich habe die Züge zwei Kilometer auf der Straße vorgerückt. Das verschüttete Korn fängt allmählich Feuer, und das schien mir doch zu gefährlich zu sein.«

»Ja, bleiben Sie auf Abstand. Die Silos sind als nächstes dran. Vermutlich explodieren sie unter dem Innendruck. Ich unterrichte Sie weiter, wie wir vorankommen.«

Sie brachten zwei weitere Schlafperioden hinter sich, eingeschlossen in die verdreckten Tanks, dann erst stießen sie wieder auf die vulkanische Schlucht. Jan sah sie plötzlich auftauchen, als ein verkohlter Baumstamm, den er zur Seite schob, in die Tiefe kippte. Er zog beide Bremsen an und wischte die Innenseite der Windschutzscheibe blank, während sich draußen die aufgewirbelte Asche wieder legte.

»Die Schlucht ist noch immer da«, sagte Otakar und konnte nicht verhindern, daß seine Stimme verzweifelt klang.

»Ja – aber sie ist hier nicht mehr als hundert Meter breit. Wenn sie auch nicht tiefer ist, füllen wir sie auf und brauchen nicht weiter zu suchen.«

Es schien eben weiterzugehen. Als die Panzer den neu geschaffenen Weg einzuebnen und zu verbreitern begannen, wurden die Überreste in den Abgrund geschoben. Fusionskanonen verbrannten und verdichteten dieses Material, während immer mehr Geröll auf den wachsenden Haufen gekippt wurde. Es kam der Augenblick, da die Schlucht aufgefüllt war und der erste Panzer vorsichtig auf den neuen Damm fuhr. Er hielt dem Gewicht stand.

»Wir brauchen noch mehr Füllmaterial«, befahl Jan. »Die Fusionskanonen sollen für Härte sorgen. Die Zugmaschinen und Züge sind erheblich schwerer als unsere Tanks. Wir spalten uns in zwei Gruppen auf. Die eine sichert den Übergang, die andere baut auf der anderen Seite den Weg zurück zur Straße. Ich lasse die Züge hinter uns aufschließen, zur Abfahrt bereit, sobald wir fertig sind.«

Es war eine anstrengende Arbeit, das Ergebnis eine Notlösung, aber das beste, was unter den Umständen zu erreichen war. Die Männer schufteten gut hundert Stunden lang, ehe Jan mit allem zufrieden war.

»Ich fahre den ersten Zug herüber. Ihr übrigen haltet euch bereit.«

Seit dem Antritt der Rückfahrt war er nicht mehr aus den Kleidern gekommen; seine Haut war schwarz verschmiert, seine Augen rotgerändert und wund. Alzbeta stockte der Atem, als sie ihn erblickte – und er schaute in den Spiegel und mußte lächeln.

»Mach mir einen Kaffee, dann wasche ich mich und ziehe mich um. So eine Arbeit möchte ich nicht noch einmal tun müssen.«

»Es ist alles geschafft?«

»Wir müssen nur noch die Züge hinüberfahren. Ich habe alle aus dem ersten Zug aussteigen lassen, und sobald ich hier fertig bin, lenke ich ihn hinüber.«

»Kann das nicht ein anderer machen? Warum willst du es tun?«

Stumm trank Jan seinen Kaffee, dann stellte er die leere Tasse hin und stand auf. »Du kennst den Grund. Nimm den zweiten Zug, dann sehen wir uns drüben auf der anderen Seite.«

In den Armen, die ihn umklammerten, kam Angst zum Ausdruck, doch sie sagte nichts mehr, sondern küßte ihn und blickte ihm nach. Sie hätte ihn auf dieser Fahrt am liebsten begleitet, doch sie wußte auch so, was er ihr geantwortet hätte. Er wollte allein sein dabei.

Das automatische Leitsystem war ausgeschaltet, als sich der Zug von der Mitte der Straße der rauhen Bahn zuwandte, die durch den verbrannten Dschungel geschlagen worden war. Die Maschine verließ die glatte Fläche der Straße und bewegte sich im Weiterfahren auf und nieder. Gehorsam bogen die Wagen dahinter ebenfalls ab und folgten in den tief eingegrabenen Radfurchen.

»Bis jetzt keine Probleme«, sagte Jan ins Mikrofon. »Holprig, aber nicht übel. Ich bleibe bei fünf Kilometer, bis ich drüben wieder auf der Straße bin. Die anderen Fahrer sollen es ebenso machen.«

Als er die aufgefüllte Schlucht erreichte, hielt er nicht inne, sondern fuhr in gleichmäßigem Tempo weiter auf den schmalen Damm. Unter dem Gewicht der Maschine brachen Steine und Kiesbrocken vom Rand des Dammes und polterten in die Tiefe. Von beiden Seiten schauten die Panzerfahrer in gespanntem Schweigen zu. Jan blickte von der Höhe der Maschine herab und sah die gegenüberliegende Kante langsam näherkommen; zu beiden Seiten war Leere. Starr richtete er den Blick auf den Rand und steuerte die Maschine genau über die Mitte des Dammes.

»Er ist drüben!« rief Otakar in sein Funkgerät. »Alle Wagen halten prächtig die Spur. Ein Einsinken ist nicht festzustellen.«

Die Rückkehr zur Straße war eine Kleinigkeit, nachdem die Spannung der Überquerung hinter ihm lag. Jan steuerte den Zug auf die andere Seite und fuhr weiter, bis alle Wagen auf der Straße waren. Erst dann legte er seinen Kühlanzug an und stieg in den Panzer um, der ihm gefolgt war.

»Zurück zur Schlucht«, befahl er und wandte sich zum Funkgerät um. »Wir holen die Züge einzeln herüber, langsam. Auf den neuen Abschnitten darf sich nur jeweils ein Zug aufhalten, damit wir bei Schwierigkeiten leicht heran können. Also gut. Der zweite Zug soll anfahren.«

Er wartete bereits am Ende des Abgrunds, als der Zug auftauchte, umwogt von Staub- und Rauchwolken. Der Fahrer richtete sich nach den Reifenspuren von Jans Zug, kam ohne Probleme herüber und fuhr weiter. Der nächste und übernächste Zug kamen, und leiteten einen gleichmäßigen Strom von Fahrzeugen ein.

Erst der dreizehnte Zug geriet in Schwierigkeiten.

»Glückliche Dreizehn«, sagte Jan vor sich hin, als die Maschine drüben auftauchte. Er rieb sich die schmerzenden Augen und

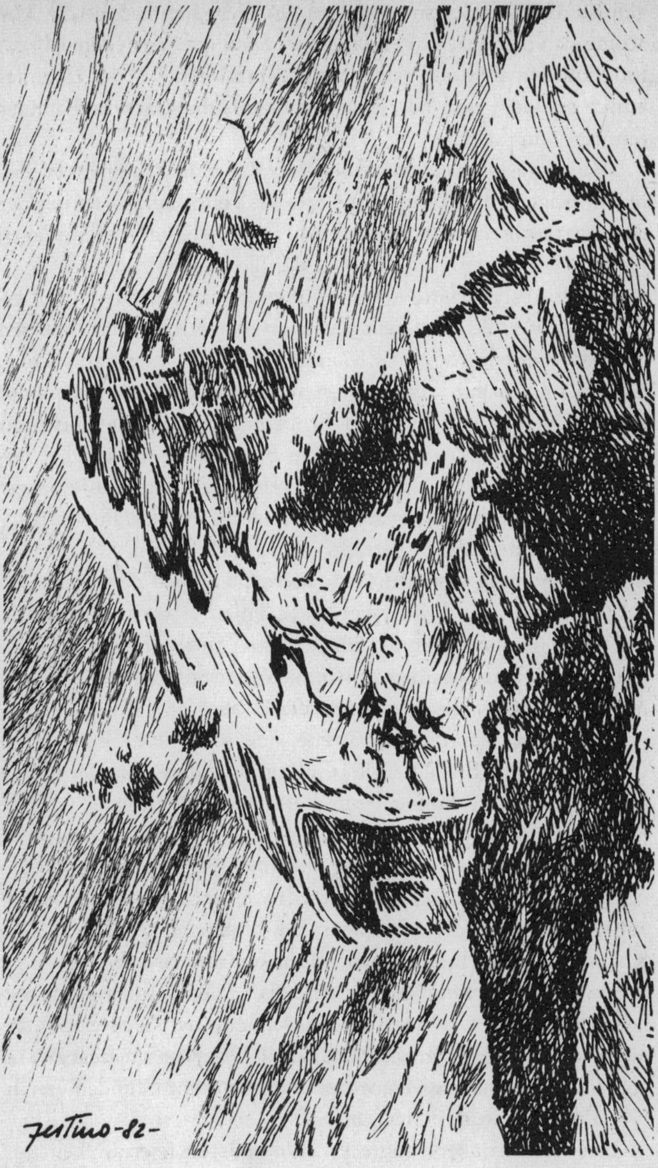

gähnte. Der Zug rückte vor und war halb herüber als die Maschine sich plötzlich zu neigen begann. Jan griff nach dem Mikrofon, doch ehe er etwas sagen konnte, brach ein Teil des Dammes zur Seite weg, und der Zug kippte unaufhaltsam und immer schneller zur Seite.

Und plötzlich war die Maschine fort. Über die Kante, in die Tiefe, die Wagen mitreißend, eine Kette des Todes, landete sie in einer riesig hervorbrechenden Wolke von Trümmerstücken. Ein Wagen nach dem anderen zerschellte in der Tiefe.

Diesen Absturz hatte niemand überlebt. Jan gehörte zu den ersten, die am Ende eines Seils hinabgelassen wurden, um zwischen den entsetzlich verbogenen Metallteilen nach Opfern zu suchen. Andere folgten ihm und suchten stumm im endlosen Schein der Sonne. Doch sie fanden nichts. Schließlich gab man die Suche auf und ließ die Toten in den Ruinen des Schleppzugs zurück. Die Böschung wurde repariert, verstärkt, verdichtet. Die anderen Züge kamen ohne Probleme herüber und setzten die Rückfahrt fort, sobald alle wieder auf der Straße versammelt waren.

Die Stimmung war bedrückt. Niemand sprach den Gedanken laut aus, doch jeder beschäftigte sich damit. Hatte es sich gelohnt, das Getreide von einem Pol des Planeten zum anderen zu schaffen? Der Tod der Männer durfte nicht umsonst sein. Die Schiffe mußten kommen. Sie waren spät dran – aber sie *mußten* kommen.

Die Männer kannten die Straße inzwischen zur Genüge. Die überschwemmte Stelle wurde bewältigt, und die Kilometer rollten endlos vorbei, die Sonne verbreitete ihre ewige Hitze, und die Fahrt ging weiter. Es gab Verzögerungen, Defekte, und zwei Wagen mußten wegen dringend benötigter Ersatzteile ausgeschlachtet und zurückgelassen werden. Ebenso ein weiterer Panzer. Die Leistung der Maschinen ließ beständig nach, so daß die Kolonne schließlich langsamer vorankam als normal.

So war es kein freudiges Ereignis, als sie den Sonnenschein verließen und in die Dämmerungszone kamen – der Augenblick markierte das Ende einer großen Müdigkeit. Der Wunsch, Rast zu machen, war übermächtig. Sie waren nur noch zehn Stunden von ihrem Ziel, als Jan eine Rast ausrief.

»Essen und trinken«, sagte er. »Wir müssen feiern.«

Die Männer waren einverstanden, doch es wurde eine ziemlich ruhige Stunde. Alzbeta saß neben Jan, und obwohl niemand sie beneidete, freuten sich doch die Männer auf den nächsten Tag und auf ihre wartenden Frauen. Man hatte sich bereits über Funk in Südstadt gemeldet. Man wußte dort von den sieben Toten, die es gegeben hatte; ihre Namen waren bekannt.

»Dies ist eine Feier, und kein Begräbnis«, sagte Otakar. »Trinkt euer Bier aus, ich schenke nach!«

Jan gehorchte und hielt dem anderen sein leeres Glas hin. »Ich denke an die Ankunft«, sagte er.

»Das tun wir alle – aber wir beide ganz besonders«, sagte Alzbeta und rückte näher an Jan heran. »Sie kann dich mir nicht wegnehmen.«

Sie brauchte nicht mit Namen bezeichnet zu werden. Die Hradil, die lange Zeit nicht bei ihnen gewesen war, ragte wieder drohend über ihnen auf, ein übler Einfluß auf ihr Leben.

»Wir stehen alle für euch ein«, sagte Otakar. »Wir alle waren bei eurer Hochzeit dabei, wir haben alle mitgemacht. Es mag sein, daß die Familienvorstände protestieren, aber sie können nichts unternehmen. Nicht zum erstenmal haben wir ihnen Vernunft eingebläut – wir schaffen es bestimmt wieder. Semenow wird uns unterstützen.«

»Dies ist mein Kampf«, sagte Jan.

»Der unsere. So war es, seit wir die Maschinen übernahmen und die Vorstände zwangen, uns die zweite Fahrt zu gestatten. Wenn wir müssen, können wir das wieder tun.«

»Nein, Otakar, ich glaube nicht.« Jan blickte an der schnurgeraden Linie der Straße entlang, die am Horizont verschwand. »Damals hatten wir etwas, für das wir kämpfen konnten. Etwas Physisches, das uns alle betraf. Die Hradil wird uns Ärger machen wollen, aber Alzbeta und ich werden uns allein darum kümmern.«

»Und ich«, sagte Semenow. »Ich werde meine Handlungsweise erklären, mich dafür rechtfertigen müssen. Es ist gegen das Gesetz ...«

»Das Gesetz, wie es hier niedergelegt ist«, sagte Jan, »ist eine hübsche Fiktion, die die Eingeborenen brav bei der Stange halten soll.«

»Werden Sie das alles offen aussprechen, die Dinge, die Sie mir erzählt haben?«

»Auf jeden Fall. Ich werde es den Familienvorständen offenbaren – und allen anderen. Irgendwann muß die Wahrheit ja mal ans Licht. Wahrscheinlich wird man mir nicht glauben, aber anhören muß man mich.«

Nachdem sie geschlafen hatten, ging die Fahrt weiter. Jan und Alzbeta fanden kaum Ruhe. Sie fühlten sich enger verbunden als je zuvor, und in ihrem Liebesspiel lag eine fast verzweifelte Leidenschaft. Keiner der beiden sprach es aus – doch sie fürchteten für ihre Zukunft.

Aus gutem Grund. Es gab keinen Empfang. Keine Menschenmenge hieß die Züge willkommen. Die Männer verstanden das. Sie redeten ein wenig, verabschiedeten sich und kehrten zu ihren Familien zurück. Jan und Alzbeta blieben im Zug und behielten die Tür im Auge. Sie brauchten nicht lange auf ein energisches Klopfen zu warten. Vier bewaffnete Proktoren standen draußen.

»Jan Kulozik, Sie sind verhaftet ...«

»Auf wessen Befehl? Aus welchem Grund?«

»Sie werden beschuldigt, Proktor-Captain Ritterspach ermordet zu haben.«

»Das läßt sich erklären. Es gibt Zeugen ...«

»Sie begleiten uns jetzt in Haft. Das sind unsere Befehle. Diese Frau ist sofort zu ihrer Familie zurückzubringen.«

»Nein!«

Alzbetas Entsetzensschrei brachte Jan schließlich auf die Beine. Er versuchte zu ihr zu gelangen, um sie zu schützen, wurde jedoch sofort beschossen. Eine schwache Ladung, die Minimumeinstellung der Energiewaffe, doch ausreichend, um ihn zu lähmen.

Er lag auf dem Boden, bei Bewußtsein, doch unfähig, sich zu bewegen. Er konnte nur zusehen, wie seine Frau fortgeschleppt wurde.

17

Jan war klar, daß dieser Empfang mit viel Umsicht und sadistischer Präzision geplant worden war. Natürlich steckte die Hradil dahinter. Schon einmal hatte sie ihn verhaften lassen, damals aber war der Schachzug fehlgeschlagen. Das sollte ihr nicht noch einmal passieren. Sie war selbst nicht in Erscheinung getreten, doch ihre Handschrift machte sich überall bemerkbar. Kein großer Empfang für die Zurückkehrenden, keine Menschenmengen. Keine Gelegenheit, seine Männer und die anderen zusammenzuführen. Teile und herrsche - höchst geschickt eingeleitet. Eine Mordanklage, das war gut, ein Mann war getötet worden, so daß eine Anklage auf jeden Fall angebracht war. Und er hatte ihr in die Hand gespielt, indem er sich der Verhaftung widersetzt hatte – genau das hatte sie zweifellos angestrebt. Sie hatte ihn in die Ecke getrieben und gesiegt. Sie saß dort irgendwo in diesem Ort und knüpfte das Netz um ihn immer enger, während er in der sorgfältig vorbereiteten Zelle saß. Diesmal handelte es sich nicht um einen primitiven Lagerraum, sondern um ein richtiges Quartier in einem der permanenten Gebäude, das mit dicken Mauern versehen war. Ein schmales vergittertes Fenster nach draußen, ein Waschbecken und sanitäre Einrichtungen, eine bequeme Koje, Lesestoff, Fernsehen – und eine kompakte Stahltür mit einem Schloß, das von draußen zu bedienen war. Jan lag auf dem Bett und starrte zur Decke empor. Er suchte nach einem Ausweg. Er spürte den Blick des Proktors auf sich, der ihn durch das Beobachtungsfenster in der Wand im Auge behielt, und rollte sich auf die andere Seite.

Es würde einen Prozeß geben. Wenn alles fair ablief, mußte sein Argument der Notwehr akzeptiert werden. Fünf Familienvorstände würden über ihn richten, so stand es im Gesetz, und der Schuldspruch mußte einstimmig erfolgen. Sicher saß auch Semenow, einer der ältesten Familienvorstände, auf der Richterbank. Gewisse Chancen konnte Jan sich ausrechnen.

»Sie haben einen Besucher«, sagte der Wächter; seine Stimme krächzte aus dem Lautsprecher unter dem Fenster. Er trat zur Seite, und Alzbeta stand an seiner Stelle.

So sehr Jan sich freute, sie zu sehen, bereitete es ihm doch große

Qualen, die Hände gegen die kalte Plastahl-Fläche zu drücken und ihre Finger einen Zentimeter unter den seinen zu sehen, ohne sie berühren zu können.

»Ich habe um diesen Besuch gebeten«, sagte sie. »Ich dachte schon, man würde ablehnen, aber es gab keine Probleme.«

»Natürlich. Diesmal gibt's keinen Lynch-Mob. Sie lernt aus ihren Fehlern. Diesmal geht's genau nach dem Buchstaben des Gesetzes. Natürlich sind Besucher zugelassen. Und das Urteil wird selbstverständlich auf schuldig lauten.«

»Es muß doch eine Chance geben! Du wirst dich wehren?«

»Tue ich das nicht immer?« Er zwang sich zu einem Lächeln um ihretwillen, und erhielt als Antwort den Hauch eines Lächelns. »Im Grunde steht der Fall auf tönernen Füßen. Du warst Zeuge bei dem Angriff, bist sogar selbst niedergeschlagen worden, und die anderen Proktoren werden unter Eid zustimmen müssen. Sie waren mit Knüppeln bewaffnet, und ich schlug erst zurück, als du am Boden lagst. Ritterspachs Tod war ein Unfall – das müssen sie zugeben. Ich habe in Notwehr gehandelt – aber es gibt da eine Sache, in der du mir helfen könntest.«

»Ich tue alles, wenn es dir hilft!«

»Verschaff mir eine Kopie der juristischen Bänder, die ich hier auf dem Fernseher abspielen kann. Ich möchte meine Kenntnisse über das Buch der Gesetze vertiefen. Mir eine gute Verteidigung zurechtlegen.«

»Ich bringe sie, so bald ich kann. Man hat mir gesagt, ich könnte dir etwas zu essen machen. Ich koche dir etwas Besonderes. Und noch etwas ...« Sie blickte zur Seite, ohne den Kopf zu drehen, und senkte die Stimme. »Du hast Freunde. Sie wollen dir helfen. Wenn du nicht hier festsäßest ...«

»*Nein!* Sage ihnen so nachdrücklich du kannst, daß das nicht in Frage kommt. Ich will nicht fliehen. Die Ruhe tut mir gut. Es gäbe auf diesem Planeten kein Versteck. Außerdem möchte ich diese Sache auf die richtige Weise durchstehen. Ich möchte diese Frau mit dem Gesetz schlagen. Es ist die einzige Möglichkeit.«

Er sagte Alzbeta nicht, daß jedes Wort, das sie durch die Lautsprecheranlage sprachen, zweifellos aufgezeichnet wurde. Er wollte nicht, daß jemand seinetwegen Schwierigkeiten bekam.

Außerdem war seine Antwort im Grunde richtig. Er mußte diesen Prozeß auf dem Wege des Gesetzes durchstehen. Wenn er Nachrichten ausschicken wollte, gab es sicher Möglichkeiten. Die Zelle war sauber; sichtbare Abhörgeräte gab es nicht. Sie konnte einen Zettel ablesen, wenn er ihn vor das Fensterchen hielt. Dieser Weg mochte im Notfall gangbar sein.

Sie sprachen noch eine Zeitlang weiter, doch es gab wenig zu sagen. Die Pein, ihr nahe zu sein, ohne sie berühren zu können, wurde allmählich unerträglich, und er war eher erleichtert, als der Wächter sich einschaltete und sagte, es sei Zeit zu gehen.

Der zweite Besucher war Hyzo Santos. Offensichtlich wußte der Kommunikationsoffizier, daß das Gespräch mitgehört werden würde, und äußerte sich nur auf unverfängliche Weise.

»Alzbeta hat mir gesagt, daß Sie die Ruhepause genießen, Jan.«

»Bleibt mir wohl kaum etwas anderes übrig, oder?«

»Machen Sie das Beste aus der Ruhe. Sie sind bald wieder in Aktion. Ich habe Ihnen eine Kopie des Gesetzbuches gebracht, nach der Sie verlangt haben. Ich nehme an, der Wächter wird es Ihnen geben.«

»Vielen Dank. Ich möchte mich eingehend damit beschäftigen.«

»Sehr eingehend, würde ich Ihnen raten«, sagte Hyzo und runzelte die Stirn noch mehr. »Es hat etliche Zusammenkünfte der Familienvorstände gegeben. Natürlich laufen viele Gerüchte um, doch heute früh hat es eine offizielle Ankündigung gegeben, die die Gerüchte bestätigte. Iwan Semenow ist nicht mehr Vorstand seiner Familie.«

»Das geht doch nicht!«

»Und ob das geht – man hat es so beschlossen. Sie werden den Vorgang im Gesetzbuch beschrieben finden. Als er die Trauung Alzbetas mit Ihnen durchführte, ohne die Erlaubnis der Hradil zu haben, übertrat er das Gesetz. Der arme Semenow ist Rang und Titel los. Ab heute arbeitet er als Handlanger.«

»Die Ehe ist aber trotzdem gültig, oder?« fragte Jan besorgt.

»Absolut. Daran kann niemand rütteln. Eine Segnung zur Ehe ist unauflöslich, das wissen Sie. Inzwischen sind aber die Richter für den Prozeß bestimmt worden ...«

Plötzlich ging Jan ein Licht auf. »Natürlich! Er ist kein Familienvorstand mehr, also wird Semenow nicht dabei sein. Die Hradil und vier Gleichgesinnte werden über mich richten.«

»Ich fürchte, das sehen Sie ganz richtig. Aber es wird so aussehen, als würde Recht gesprochen. So voreingenommen die Leute auch sein mögen, sie können in einer solchen öffentlichen Verhandlung nicht gegen das Gesetz verstoßen. Viele Leute werden jedenfalls auf Ihrer Seite stehen.«

»Und wesentlich mehr werden sich darauf freuen, daß mir der Hals umgedreht wird.«

»Ganz recht. Man kann die Menschen nicht über Nacht ändern. Selbst wenn Veränderungen eintreten – die Leute mögen das nicht. Wir leben in einer konservativen Welt mit Menschen, die durch Neuerungen eher beunruhigt werden. Das liegt jetzt bei Ihnen. Der Prozeß wird fair geführt werden, und Sie müssen sehen, was Sie daraus machen.«

»Ich wünschte, ich könnte Ihre Begeisterung teilen.«

»Das werden Sie sicher tun, sobald Sie den Hühner- und Enteneintopf gegessen haben, den Alzbeta mit dem Band schickt. Das heißt, wenn die Wächter noch etwas davon übriglassen, nachdem sie die Töpfe auf Waffen untersucht haben.«

Alles nach den Vorschriften. Kein Zweifel. Warum aber machte er sich solche Sorgen? Bis zum Prozeß waren es keine sieben Tage mehr, und Jan konzentrierte sich auf das Gesetzbuch, mit dem er sich zugegebenermaßen bisher nicht sonderlich beschäftigt hatte. Der Text erwies sich als eine vereinfachte Fassung des Erd-Commonwealth-Gesetzes. Viele Teile waren herausgenommen worden – so wäre es sicher überflüssig gewesen, sich mit den Details ungesetzlicher Geldfälscherei zu befassen, wo es auf dieser Welt gar kein Geld gab. Oder Raum-Piraterie. Dafür waren klare Zusätze eingefügt worden, die den Familienvorständen die absolute Herrschaft zuschrieben. Die geringen Ansätze persönlicher Freiheit, die im Original zu finden waren, fehlten in dieser Version.

Am Tag des Prozesses rasierte sich Jan sorgsam, dann legte er die sauberen Sachen an, die man ihm gebracht hatte. Er steckte sein Rangabzeichen an. Er war Wartungs-Captain, daran sollten alle erinnert sein. Als die Wächter ihn abholten, erwartete er sie bereits und war beinahe begierig, die Sache hinter sich zu bringen. Als man ihm die Handschellen hinhielt, wich er jedoch zurück.

»Die sind doch wohl überflüssig«, sagte er. »Ich werde keinen Fluchtversuch machen.«

»Wir haben Befehl«, sagte der Proktor – Scheer, der Mann, den Jan mit dem Knüppel niedergeschlagen hatte. Er blieb mit erhobener Waffe außer Reichweite. Widerstand war sinnlos. Achselzuckend streckte Jan die Arme aus.

Es war mehr ein Festtag als ein Prozeß – und auf den ersten Blick sah es so aus, als hätte sich die gesamte Bevölkerung entschlossen, die Gelegenheit zum Feiern zu benutzen. Es gab wenig Arbeit, da die Saat noch nicht ausgesät war. So kamen sie denn alle und füllten die Straße von einer Seite zur anderen. Familiengruppen hatten Essen und Trinken mitgebracht und richteten sich auf ein langes Schauspiel ein. Kinder aber waren nicht anwesend; Jugendliche unter sechzehn Jahren durften nicht an Prozessen teilnehmen, weil dort verbotene Dinge zur Sprache kommen konnten. Die älteren Kinder paßten also auf die jüngeren auf, was beiden natürlich gar nicht gefiel.

Da kein Gebäude für diese Zuschauermassen ausgereicht hätte, mußte der Prozeß im Freien stattfinden, unter dem eintönig dämmrigen Himmel. Eine Plattform war errichtet worden, darauf standen Stühle für Richter und Angeklagten. Ein Lautsprechersystem war vorbereitet worden, damit jeder alles verstehen konnte. Es lag Karnevalsstimmung in der Luft, ein kostenloses Schauspiel, das die persönlichen Sorgen für eine Zeitlang vergessen ließ – und die Schiffe, die nicht kamen.

Jan erstieg die Treppe und setzte sich in den Anklagestand. Dann musterte er die Richter. Natürlich die Hradil. Ihre Gegenwart an diesem Ort war so selbstverständlich wie das Gravitationsgesetz. Und Chun Taekeng, ältester Familienvorstand, sein Sitz in diesem Gericht war ebenfalls garantiert. Dann ein unerwartetes Gesicht, der alte Krelschew. Natürlich – der hatte nach Semenows Absetzung die Führung seiner Familie übernommen. Ein Mann ohne Intelligenz und ohne Nerven. Ein Werkzeug wie die beiden anderen, die neben ihm saßen. Die Hradil war die einzige, die heute von Bedeutung war. Sie beugte sich zu den anderen hinüber und gab ihnen zweifellos Anweisungen, dann richtete sie sich auf und blickte Jan an. Das faltige Gesicht abweisend wie immer, die Augen gefühllose Gletscher. Aber als sie ihn anblickte, lächelte sie, ein ganz schwaches Lächeln, das augenblicklich wieder verschwand. Ein Siegeslächeln, so sicher war sie ihrer Sache. Jan zwang sich dazu, keine Reaktion zu zeigen, starr und ausdruckslos dazusitzen und nichts zu sagen. Was er bei diesem Prozeß an Gefühlen zur Schau stellte, konnte ihm nur schaden. Er fragte sich aber, worüber sie lächelte. Es sollte nicht lange dauern, bis er Antwort auf diese Frage erhielt.

»Ruhe, Ruhe im Gericht!« rief die Hradil, und ihre Lautsprecherstimme hallte die Straße entlang, wurde von den Gebäuden zu beiden Seiten zurückgeworfen. Sie brauchte die Worte nur einmal zu sprechen, die Anordnung wurde sofort befolgt. Es war ein ernster Augenblick.

»Wir sind heute hier versammelt, um über einen Mann aus unseren Reihen zu Gericht zu sitzen«, sagte sie. »Jan Kulozik, den Wartungs-Captain. Gewichtige Anklagen sind gegen ihn vorgebracht worden, und das Gericht ist jetzt zusammengetreten. Ich frage den Techniker, ob das Aufzeichnungsgerät einwandfrei funktioniert?«

»Ja.«

»Dann soll alles Weitere ordnungsgemäß festgehalten werden. Geben wir ins Protokoll, daß Kulozik von Proktor Scheer beschuldigt wurde, Proktor-Captain Hein Ritterspach ermordet zu haben. Dies ist eine schlimme Anschuldigung, und die Familienvorstände haben in der Sache ermittelt. Dabei wurde festgestellt, daß Zeugen des angeblichen Mordes andere Aussagen machten als Proktor Scheer. Anscheinend starb Ritterspach, als Kulozik sich gegen einen unprovozierten Angriff zur Wehr setzte. Notwehr ist kein Verbrechen. Daraus wurde geschlossen, daß der Tod ein Unfall war. Die Mordanklage ist daher fallengelassen worden. Proktor Scheer ist wegen seiner übereifrigen Dienstauffassung getadelt worden.«

Was hatte das zu bedeuten? Die Zuschauer waren ebenso verwirrt wie Jan, und ein Murmeln ging durch die Reihen. Es wurde sofort wieder still, als die Hradil eine Hand hob. Jan gefiel diese

Festino -82-

Entwicklung nicht. Er wußte nur, daß er trotz der zurückgenommenen Anklage noch in Handschellen dasaß. Und Dummkopf Scheer hatte die Frechheit, ihn anzugrinsen. Getadelt war er worden, und er grinste! Hier war mehr im Spiel, als auf der Hand lag, und Jan war entschlossen, als erster in den Angriff überzugehen. Er stand auf und beugte sich zum Mikrofon hinüber.

»Es freut mich, daß die Wahrheit ans Tageslicht gekommen ist. Aus diesem Grunde bitte ich darum, daß mir die Handschellen abgenommen werden ...«

»Der Gefangene setzt sich!« sagte die Hradil. Die beiden Proktoren drückten Jan gewaltsam wieder auf seinen Stuhl. Es war noch nicht vorbei.

»Weitaus schwerwiegendere Anschuldigungen sind gegen den Angeklagten erhoben worden. Es wird ihm zur Last gelegt, einen Aufstand angezettelt und selbst untreu gehandelt zu haben. Man beschuldigt ihn der feindseligen Propaganda und des gemeinsten Verbrechens von allen: des Verrats.

All diese Verbrechen sind schlimm, das letzte von der übelsten Sorte, das nur mit dem Tode zu ahnden ist. Jan Kulozik ist aller dieser Verbrechen schuldig, was heute bewiesen werden wird. Seine Hinrichtung wird innerhalb eines Tages nach dem Urteil stattfinden, denn so will es das Gesetz.«

18

Es gab Gebrüll in der riesigen Menge, Fragen wurden gestellt, Männer drängten sich vor, Jans Freunde, hielten aber inne, als sich alle zwölf Proktoren vor der Plattform in einer Kette aufstellten und die Waffen schußbereit erhoben.

»Bleibt auf Distanz!« rief Proktor Scheer. »Alles zurück! Die Waffen sind auf Maximalladung gestellt!«

Die Männer riefen durcheinander, näherten sich den schußbereiten Waffen aber nicht. Die Lautsprecherstimme der Hradil dröhnte über sie dahin.

»Unbotmäßigkeiten werden nicht geduldet. Proktor-Captain

Scheer hat Anweisung, im Notfall zu schießen. Es kann sein, daß es in der Menge Dissidenten gibt, die dem Gefangenen helfen wollen. Dazu wird es nicht kommen!«

Jan saß reglos auf seiner Anklagebank. Allmählich wurde ihm bewußt, was hier gespielt wurde. Eben noch getadelt, war Scheer plötzlich zum Proktor-Captain avanciert; Scheer hatte auf das richtige Pferd gesetzt. Die Hradil hatte ihn fest in der Hand. Und Jan ebenso. Er hatte seine Abwehr nicht optimal aufgebaut, er hatte sich mit der Mordanklage beschäftigt, ohne zu erkennen, daß dies nur ein Vorwand für die eigentliche Anschuldigung war. Einen Ausweg gab es nicht mehr; der Prozeß mußte weitergehen. Als die Hradil innehielt, sprach er ins Mikrofon.

»Ich verlange, daß dieser Farce ein Ende gemacht wird und ich auf freien Fuß gesetzt werde. Wenn hier überhaupt Verrat geübt wurde, dann durch diese alte Frau dort, die uns alle dem Tod ausliefern will ...«

Er hörte auf zu reden, als sein Mikrofon abgestellt wurde. Es gab kein Ausweichen mehr. Er konnte nur hoffen, diese starrsinnige alte Frau dazu zu bringen, daß sie die Beherrschung verlor. Zorn erfüllte sie, das war an dem Fauchen ihrer Stimme zu erkennen – doch sie beherrschte sich gut.

»Ja, wir wollen den Rat des Gefangenen befolgen. Ich habe mich mit den anderen Richtern abgesprochen, und sie sind alle meiner Meinung. Wir lassen alle Anklagen fallen – alle bis auf die einzig wichtige: Verrat. Wir haben genug von diesem Mann und seinem Gehabe legitimer Autorität! Wir sind großzügig gewesen, weil wir in gefährlichen Zeiten leben und ein gewisser Freiraum gestattet werden muß, damit die Entwicklung weitergeht. Vielleicht haben wir alle falsch gehandelt, als wir dem Gefangenen zu viele Freiheiten zugestanden, die er ausnutzte, sich gegen die gewohnten Dinge zu erheben. Dieser Irrtum muß nun korrigiert werden. Ich bitte den Aufzeichner, aus dem Gesetzbuch vorzulesen. Die Dritte Eintragung mit der Überschrift ›Verrat‹ unter den Strafvorschriften.«

Der Techniker ließ die Finger über die Tasten seines Computers gleiten, fand den richtigen Abschnitt und holte ihn auf den Schirm vor sich. Kaum hatte er den richtigen Absatz, aktivierte er den

Audio-Output. In befehlendem Ton dröhnte das Gesetz über den Platz.

»Verrat. Wer immer die Geheimnisse des Staates anderen offenbart, ist des Verrates schuldig. Wer die Details der Unternehmungen der Behörden offenbart, ist des Verrates schuldig. Wer die Majestät der Behörden untergräbt und andere dazu verleitet, gegen die Macht des Staates vorzugehen, ist des Verrates schuldig. Die Strafe für Verrat ist der Tod, und die Strafe soll vierundzwanzig Stunden nach der Verurteilung vollstreckt werden.«

Entsetztes Schweigen trat ein, als die Stimme verhallte. Dann meldete sich die Hradil wieder zu Wort.

»Sie haben eine Beschreibung des Verbrechens und seiner Strafe gehört. Jetzt sollen die Beweise vorgetragen werden. Ich werde sie selbst liefern. Vor den Familien und vor den Familienvorständen widersetzte sich der Angeklagte der Macht der Familienvorstände, den legitimen Machthabern auf diesem Planeten. Als ihm befohlen wurde, seine Unloyalität aufzugeben und zu gehorchen, widersetzte er sich weiter. Er gab Befehl, die Maschinen durch eine ihm bekannte technische Maßnahme lahmzulegen, so lange, bis ihm gestattet werde, eine zweite Fahrt zu machen, um Getreide zu holen. Diese Fahrt fand statt, und dabei sind viele Männer gestorben. Indem er so handelte und andere dazu brachte, sich auf diese Weise der Autorität des Staates zu widersetzen, hat er sich des Verrats schuldig gemacht. Dies sind die Beweise. Die Richter werden jetzt ihren Schuldspruch fällen.«

»Ich verlange gehört zu werden!« brüllte Jan. »Wie können Sie mich verurteilen, ohne daß ich dazu Stellung nehmen kann?«

Obwohl sein Mikrofon abgeschaltet war, konnten die Zuschauer in der Nähe der Plattform seine Worte hören. Es gab Rufe von seinen Freunden, von anderen, die forderten, ihm solle das Wort erteilt werden. Natürlich gab es auch Rufe, die das Gegenteil verlangten. Die Hradil hörte sich das Durcheinander stumm an und besprach sich dann mit den anderen Richtern. Schließlich verkündete Chun Taekeng als ältester Familienvorstand das Ergebnis.

»Wir sind gnädig, und der Prozeß muß nach den gesetzlichen Vorschriften ablaufen. Der Gefangene darf sich äußern, ehe das

Urteil gegen ihn ergeht. Doch ich warne ihn – wenn er sich erneut verräterisch äußert, wird ihm sofort das Wort entzogen.«

Jan schaute zu den Richtern hinüber, dann stand er auf und wandte sich zur Zuschauermenge um. Was konnte er sagen, das nicht sofort als Verrat eingestuft wurde? Wenn er nur ein Wort über die anderen Planeten oder die Erde verlor, würde man ihm das Mikrofon abschalten. Er mußte sich nach den Regeln der anderen richten. Die Hoffnung schien nur gering zu sein – doch er mußte es versuchen.

»Menschen von Halvmörk. Ich stehe heute vor Gericht, weil ich alles in meiner Macht Stehende getan habe, um euer Leben zu retten – und das Getreide, das von den Schiffen bestimmt dringend benötigt wird, wenn sie kommen. Mehr habe ich nicht getan. Einige sind darin nicht meiner Ansicht gewesen und es wird sich erweisen, daß sie eine falsche Entscheidung getroffen hatten. Mein Verbrechen – das gar kein Verbrechen ist – bestand einzig und allein darin, auf die neue und gefährliche Situation hinzuweisen und Wege aufzuzeigen, wie man damit fertigwerden könnte: Dinge, die wir nie vorher getan haben – was aber nicht bedeutet, daß sie falsch sind, sondern sie sind lediglich neu. Die alten Regeln waren auf die neuen Umstände nicht anzuwenden. Ich mußte so energisch wie möglich handeln, sonst wären die neuen Dinge nicht verwirklicht worden. Mein Handeln war kein Verrat, es wurde vom gesunden Menschenverstand diktiert. Dafür kann man mich nicht verurteilen ...«

»Das genügt«, unterbrach ihn die Hradil. Sein Mikrofon hatte keinen Strom mehr. »Die Argumente des Gefangenen werden mit berücksichtigt. Die Richter beraten sich jetzt.«

Sie war arrogant in ihrer Macht. Es gab keine Beratung. Sie schrieb einfach etwas auf ein Stück Papier und reichte es dem nächsten Richter weiter. Der schrieb ebenfalls einen Vermerk und gab das Blatt weiter. Alle schrieben schnell; kein Zweifel, wie das Wort aussah. Das Blatt landete zum Schluß bei Chun Taekeng, der nur kurz darauf blickte.

»Schuldig. Der Gefangene wird schuldig gesprochen. Er wird in vierundzwanzig Stunden durch die Garrotte sterben.«

Auf diesem Planeten hatte es bisher noch keine Hinrichtung gegeben, jedenfalls nicht, soweit die Lebenden zurückdenken konnten. Viele hörten heute zum erstenmal das Wort, das die vorgesehene Todesart bezeichnete. Sie riefen einander Worte des Staunens zu, belagerten die Richter mit Fragen. Hyzo Santos schob sich durch die Menge bis zum vordersten Rand, und seine Stimme erhob sich über die der anderen.

»Was Jan getan hat, war kein Verrat! Er ist hier der einzige vernünftige Mensch. Wenn sein Tun Verrat war, sind wir anderen ebenso schuldig ...«

Proktor-Captain Scheer hob seine Waffe und schoß. Flammen hüllten Hyzos Körper ein, verkohlten ihn in Sekundenschnelle, verwandelten das Entsetzen auf seinem Gesicht in eine rauchende schwarze Maske. Er war tot, bevor er zu Boden sank.

Entsetzensschreie ertönten, als die Nebenstehenden zurückwichen. Wer etwas von der heißen Woge abbekommen hatte, stöhnte vor Schmerzen. Die Hradil dröhnte:

»Ein Mann ist hingerichtet worden. Er hat selbst gesagt, er sei des Verrats schuldig. Gibt es noch weitere, die ein solches Geständnis machen wollen? Sie mögen vortreten und offen sprechen, man wird Sie anhören.«

Sie schnurrte die Worte herunter und hoffte sichtlich auf Antwort. Die vordersten Reihen der Zuschauer wichen zurück, der Panik nahe. Niemand meldete sich. Jan betrachtete die verkohlte Leiche seines Freundes und spürte eine seltsame Taubheit in sich aufsteigen. Tot. Seinetwegen getötet. Vielleicht stimmte die Anklage doch, vielleicht brachte er wirklich Chaos und Tod in diese Welt. Als Scheer hinter ihn trat und ihn an den Armen packte, fuhr er zusammen. Er konnte sich nicht mehr bewegen. Den Grund für diese Maßnahme begriff er, als er die Hradil langsam auf sich zukommen sah.

»Begreifen Sie, wohin die Dummheit Sie geführt hat, Kulozik?« fragte sie. »Ich habe Sie gewarnt, mir nicht zu trotzen, aber Sie wollten ja nicht hören. Sie lernen es nicht, sich unterzuordnen. Sie mußten unbedingt Verrat predigen. Ihretwegen sind Männer gestorben, der letzte erst vor wenigen Sekunden. Aber damit hat es nun ein Ende, weil Sie am Ende sind. Bald sind wir mit Ihnen fertig ... Alzbeta wird mit Ihnen fertig sein ...«

»Beschmutzen Sie Alzbetas Namen nicht, indem Sie ihn mit ihren verrotteten Lippen aussprechen!«

Jan hatte sich beherrschen wollen, doch sie reizte ihn zum Äußersten.

»Alzbeta wird nicht mehr mit Ihnen verheiratet sein, wenn Sie tot sind, nicht wahr? Nur so läßt sich eine Ehe auflösen, und diese Ehe wird zu Ende gehen. Und Ihr Kind wird von einem anderen Mann großgezogen werden, wird einen anderen Mann Vater heißen.«

»Wovon reden Sie da, Sie verblödete alte Schachtel?«

»Ach, hat Sie Ihnen nichts davon gesagt?« fragte sie voller Hohn. »Vielleicht hat sie's vergessen. Vielleicht meinte sie, Sie würden die Vorstellung abstoßend finden, daß sie mit einem anderen verheiratet ist. Sie wird ein Kind bekommen, Ihr Kind ...«

Sie unterbrach sich mit offenem Mund, als Jan laut zu lachen begann. Das Lachen schüttelte ihn in Scheers hartem Griff.

»Lachen Sie nicht, es stimmt!« rief sie.

»Bringen Sie mich weg von hier, bringen Sie mich in meine Zelle!« rief Jan und wandte sich lachend ab. Ihre Offenbarung hatte genau die entgegengesetzte Wirkung von der, die sie sich erhofft hatte. Es war eine gute Nachricht. So äußerte er sich auch gegenüber Alzbeta, als sie ihn später besuchte.

»Du hättest es mir sagen sollen«, sagte er. »Du hättest besser wissen müssen, wie ich reagieren würde – besser als die miese alte Schnepfe.«

»Ich war mir meiner Sache nicht sicher. Es war eine so schöne Neuigkeit, die sich erst vor kurzem ergeben hat. Der Arzt muß es ihr gesagt haben. Ich hatte keine Ahnung, daß sie Bescheid wußte. Ich wollte dich damit nicht belasten.«

»Belasten? Eine gute Nachricht dieser Art wirkt in solchen bitteren Zeiten viel. Hier zählt allein das Kind. Man kann mich jetzt jederzeit töten – aber du wirst unser Kind zur Welt bringen. Für mich ist das wichtig und nichts anderes. Du hättest das Gesicht des Scheusals sehen sollen, als ich zu lachen begann. Erst später ging mir auf, daß ich besser gar nicht hätte reagieren können. Sie ist so aufgebracht, daß sie gar nicht akzeptiert, andere könnten auch nützliche oder anständige Gedanken haben.«

Alzbeta nickte. »Früher kränkte es mich immer, wenn du so über sie sprachst, es tat mir richtig weh. Immerhin ist sie die Hradil. Aber du hast recht. Sie ist genau das, was du gesagt hast, und weitaus mehr …«

»Red nicht so, nicht hier!«

»Wegen der Aufzeichnung unseres Gesprächs? Darüber weiß ich inzwischen Bescheid, einer unserer Freunde hat es mir gesagt. Aber sie soll es ruhig hören, ich würde ihr diese Dinge ins Gesicht sagen. Sie hat sich solche Mühe gegeben, uns zu trennen!«

Und es wird ihr gelingen, sagte sich Jan düster. Sie hat gesiegt. Alzbetas Anblick, so dicht und doch so unberührbar, war im Augenblick zuviel.

»Geh jetzt bitte«, sagte er zu ihr. »Aber später kommst du wieder, versprichst du mir das?«

»Natürlich!«

Er ließ sich auf die Pritsche fallen, das Gesicht zum Kontrollfenster gewandt, denn er wollte nicht sehen, wie sie ging. Dann war alles vorbei. Hyzo war der einzige, der vielleicht etwas zu seiner Rettung unternommen hätte. Aber Hyzo war tot, von ihr aufgestachelt, wie sie es sicher geplant hatte. Getötet von ihr, ein Tod, der sicher genauso sorgsam geplant worden war wie der ganze Prozeß. Kein anderer konnte in der kurzen verbleibenden Zeit Hilfe organisieren. Er hatte Freunde, viele Freunde, doch sie waren hilflos. Und natürlich auch Feinde, all jene, die Neuerungen haßten und ihm an allem die Schuld gaben. Vermutlich eine Mehrheit der Menschen auf dieser Welt. Nun ja, er hatte für sie getan, was er konnte. Es war nicht viel gewesen. Immerhin, wenn die Schiffe kamen, wartete das Getreide auf sie. Nicht daß die Menschen hier den Vorteil nützen würden. Sie würden sich eben wie Bauern verhalten, die sie waren, und dienstbar-unterwürfig auf die Felder zurückkehren und sich ihr Leben lang plagen, ohne Belohnung, ohne Zukunft. Für nichts. Er hatte die kurze Zeit mit Alzbeta gehabt; das war ihm viel wert. Da war es besser, wenigstens etwas gehabt zu haben, als gar nichts. Und sie würde ihren Sohn gebären, vielleicht einen Sohn. Oder besser eine Tochter? Ein Sohn mochte zu viele Eigenschaften seines Vaters geerbt haben. Eine Tochter wäre besser. Hier würden nicht die Schwachen das Himmelreich erben – aber vielleicht konnten sie ein wenig glücklicher und ein wenig länger leben. Was freilich ziemlich aussichtslos war, wenn die Schiffe für immer ausblieben. Schon jetzt fehlten Ersatzteile. Vielleicht schaffte man es, mit den Fahrzeugen noch einmal den größten Teil der Leute in den Norden zu bringen. Vielleicht nicht einmal das, wenn er nicht mehr da war, um die Dinge in die Hand zu nehmen.

Und er würde nicht dabei sein, denn in wenigen kurzen Stunden würde er sterben. Jan hängte sich schwer an die Stangen des winzigen Fensters und starrte zum ewigen Grau des Himmels empor. Die Garrotte. Kaum einer wußte, was das war. Von den Erdenherrschern wiederentdeckt als Strafe für die schlimmsten Verbrecher. Einmal hatte er an einer solchen Hinrichtung teilnehmen müssen. Der Gefangene saß auf dem speziell gebauten Stuhl mit der hohen Lehne, hinter seinem Hals befand sich ein Loch. Die Schlinge der dicken Schnur wurde ihm um den Hals gelegt, die Enden führten durch das Loch. Der Knebel an der Schnur, der gedreht wurde und die Schlinge langsam verkleinerte, bis der Gefangene qualvoll erwürgt war. Es erforderte schon einen Sadisten, um die Schnur festzuziehen. Aber daran herrschte kein Mangel. Bestimmt würde sich Scheer für die Aufgabe begeistern.

»Besuch für Sie!« rief der Wächter.

»Keine Besucher mehr. Außer Alzbeta möchte ich niemanden mehr sehen. Respektieren Sie die letzten Wünsche eines Verurteilten! Und besorgen Sie mir etwas zu essen und Bier. Viel Bier.«

Er trank, doch er hatte keine Appetit. Alzbeta kehrte noch einmal zu ihm zurück, und sie unterhielten sich leise und über sehr persönliche Dinge, waren so dicht beisammen, wie es das Gitter erlaubte, bis die Proktoren ihn holen kamen und sie fortschickten.

»Es überrascht mich nicht, Sie hier zu sehen, Scheer«, sagte Jan. »Ist man nett zu Ihnen und läßt Sie den Knebel drehen?«

Der Mann wurde bleich und antwortete nicht, und Jan erkannte, daß er richtig geraten hatte. »Aber vielleicht bringe ich Sie vorher noch um«, sagte er und hob die Faust.

Scheer wich zurück und griff hastig nach seiner Waffe – er war ein Feigling. Jan lächelte nicht über das Schauspiel. Es ekelte ihn an. Was waren das für Menschen? Er hatte genug von diesen Leuten, genug von allen, er war dieser dummen Bauernwelt überdrüssig, beinahe bereit, seiner Vernichtung ins Auge zu sehen.

19

Es war dieselbe Plattform, die schon dem Prozeß gedient hatte, auch die Lautsprecher standen noch. Nichts wurde verschwendet, alles war sorgfältig durchgeplant. Die Stühle und Tische, die man für den Prozeß aufgestellt hatte, waren allerdings verschwunden. Dafür stand nur noch ein Ding dort oben. Der hochlehnige Stuhl. Sorgfältig gezimmert, wie Jan nüchtern feststellte; der Stuhl war nicht an einem Tag gefertigt worden. Die Vorbereitungen ließen nichts zu wünschen übrig. Beim Anblick des Stuhls war er unbewußt stehengeblieben, und die Proktoren hatten ihn gewähren lassen.

Es war ein Augenblick ohne jedes Zeitgefühl, als wisse niemand genau, was nun zu geschehen habe. Die fünf Richter, stumme Zeugen für ihre Entscheidung, standen auf der Plattform. Die Menschenmenge schaute zu. Männer, Frauen, Kinder, jeder Bewohner des Planeten, der einigermaßen gesund war, schien gekommen zu sein. Dichtgedrängt standen sie auf der Straße. Stumm wie der Tod. Auf den Tod wartend. Der dicht bewölkte Himmel drückte herab wie ein Bahrtuch.

Das Schweigen wurde durch Chun Taekeng gebrochen, der niemals Geduld hatte, der stets vom Zorn bewegt wurde, immun gegenüber den Gefühlen, die andere heimsuchten.

»Schafft ihn her! Steht da nicht rum! Bringen wir die Sache hinter uns!«

Der kurze Bann ging vorüber. Die Proktoren stießen Jan so plötzlich weiter, daß er über die unterste Stufe stolperte und beinahe gestürzt wäre. Er regte sich darüber auf; er wollte in einem solchen Augenblick nicht für einen Feigling gehalten werden. Er wehrte sich energisch, warf sich gegen sie, schüttelte ihre Hände von seinen Armen ab. Kurze Zeit frei, marschierte er allein die Stufen hinauf, so daß seine Wächter hinter ihm hereilen mußten. Die Menge bemerkte den Zwischenfall, und reagierte mit einem leisen Murmeln, das sich beinahe wie ein Seufzen anhörte.

»Treten Sie vor! Setzen Sie sich!« befahl Chun Taekeng.

»Darf ich keine letzten Worte sprechen?«

»Was? Natürlich nicht! Dazu besteht kein Anlaß. Das wäre gegen die Vorschriften. Setzen Sie sich!«

Jan ging auf die Garrotte zu, wieder fest im Griff der Proktoren. Er sah nur Chun Taekeng, die Hradil, die anderen Richter – und ein heftiges Gefühl des Abscheus wallte in ihm auf, zwang ihm die Worte über die Lippen.

»Wie sehr ich euch alle hasse, mit euren kleinen dummen, kalten Gehirnen! Die Art und Weise, wie Sie Menschenleben vernichten, sie verschwenden, sie unterdrücken. Nicht ich sollte hier sterben, sondern Sie ...«

»Tötet ihn!« rief die Hradil, und ihr Gesicht zeigte zum erstenmal den Haß, den sie empfand. »Tötet ihn auf der Stelle! Ich will ihn sterben sehen!«

Die Proktoren zerrten an ihm, schoben ihn zur Garrotte, während er sich wehrte, während er sich auf die Richter zu stürzen versuchte, um sich noch irgendwie an ihnen zu rächen. Die Zuschauer verfolgten den stummen Kampf.

Niemand bemerkte den Mann in der dunklen Uniform, der sich durch die Menge drängte. Man machte ihm Platz, schloß die Reihen hinter ihm und nahm dabei den Blick nicht von der Plattform. Er drängte sich durch die dichtstehenden vorderen Gruppen und erstieg die Treppe, bis er auf der Plattform stand.

»Lassen Sie den Mann los!« sagte er. »Dieses Spiel ist ausgespielt.«

Entschlossenen Schritts ging er über die Plattform, nahm Chun Taekeng das Mikrofon aus den schlaffen Fingern und wiederholte die Worte, damit jeder sie hören konnte.

Niemand rührte sich. Es herrschte absolutes Schweigen.

Der Mann war ein Fremder. Sie hatten ihn nie zuvor gesehen.

So etwas war unmöglich! Auf einem Planeten, auf dem niemand eintraf, den niemand verließ, war jede Person bekannt, von Angesicht, wenn nicht bei Namen. Fremde *konnte* es nicht geben. Dieser Mann aber war allen fremd!

Niemand wußte, ob er schießen würde oder nicht – doch Proktor Scheer wollte seine Waffe heben. Der Neuankömmling sah die

Bewegung und wandte sich zu ihm um. In seiner Hand ruhte eine kleine, unheimlich aussehende Waffe.

»Wenn Sie Ihre Laserpistole nicht sofort fallen lassen, töte ich Sie!« sagte er. Kalte Entschlossenheit lag in seiner Stimme, und Scheers Finger öffneten sich und ließen die Waffe fallen. »Das gilt für die anderen auch. Legen sie die Waffen nieder!« Die Proktoren gehorchten. Erst als die Waffen außer Reichweite der Leute waren, hob der Mann wieder das Mikrofon.

»Die anderen Proktoren dort draußen. Ich möchte Ihnen mitteilen, daß auf allen Seiten Männer postiert sind, die Sie im Fadenkreuz haben. Sollten Sie Widerstand leisten, werden Sie auf der Stelle getötet. Drehen Sie sich um, überzeugen Sie sich doch selbst!«

Sie taten es, wie auch jeder andere in der Menge. Ihr Blick fiel auf die Bewaffneten, die stumm auf den Dächern der Gebäude erschienen. Sie hielten lange und tödlich aussehende Waffen mit Zielfernrohren, die Mündungen wiesen in die Menge. Es konnte keinen Zweifel geben, daß sie sie wirkungsvoll und schnell einzusetzen verstanden.

»Proktoren, bringen Sie Ihre Waffen hier herauf!« befahl die widerhallende Stimme.

Jan trat vor und sah sich den Mann an, wie auch die beiden anderen bewaffneten Fremden, die jetzt auf die Plattform kamen. Eine ungeheure Erleichterung überschwemmte ihn. Aber das Freudengefühl hielt nicht lange an. Vielleicht war seine Hinrichtung nur aufgeschoben.

»Sie kommen von den Schiffen?« fragte er hoffnungsvoll.

Der Fremde legte das Mikrofon aus der Hand und drehte sich zu ihm um. Ein grauhaariger Mann mit dunkler Haut und brennenden blauen Augen.

»Ja, wir kommen von den Schiffen. Ich heiße Debhu. Geben Sie Kulozik auf der Stelle frei!« befahl er den Proktoren, die sich beeilten, Jan die Handschellen abzunehmen. »Wir sind vor etwa zwanzig Stunden auf der Straße gelandet. Tut mir leid, daß wir mit unserem Auftritt so lange gezögert haben, doch wir wollten abwarten, bis alle an einem Ort beisammen waren. Hätte man von unserer Ankunft gewußt, hätte man Sie wohl kurzerhand getötet.

Es wäre vielleicht zu Kämpfen und weiteren Verlusten gekommen. Es tut mir leid, daß Sie das alles durchmachen mußten, mit dem Todesurteil im Nacken.«

»Sie kommen von den Schiffen – aber Sie gehören nicht zum Erd-Commonwealth!«

Die Worte fuhren Jan in einer jähen Explosion der Hoffnung über die Lippen. Etwas Ungeheures, Unglaubliches war geschehen. Langam nickte Debhu.

»Richtig. Es hat ... Veränderungen gegeben ...«

»Was machen Sie hier? Räumen Sie die Plattform!« Chun Taekengs Zorn überwand endlich die Lähmung, die alle ergriffen hatte. »Geben Sie mir das Mikrofon und verschwinden Sie! Ihr Verhalten ist unzulässig ...«

»Wächter. Drängen Sie die Richter zurück. Behalten Sie sie gut im Auge.«

Stämmig gebaute Männer mit schußbereiten Waffen kamen Debhus Befehl nach. Sie drängten die entsetzten Familienvorstände zu einer Gruppe zusammen und hielten sie mit den Waffen in Schach. Debhu nickte anerkennend und hob wieder das Mikrofon.

»Menschen von Halvmörk – bitte hören Sie mich an. Die Schiffe sind spät gekommen, weil es in etlichen planetarischen Regierungen Veränderungen gegeben hat. Darüber werden wir Ihnen später mehr erzählen. Im Augenblick möge der Hinweis genügen, daß die absolutistische Macht der irdischen Behörden, die sich das Erd-Commonwealth nannte, gebrochen ist. Sie sind ein freies Volk. Was das für Sie bedeutet, wird Ihnen noch erklärt werden. Im Augenblick genügt es zu wissen, daß ein Krieg im Gange ist und die Menschen großen Hunger gelitten haben. Jede Handvoll Korn, die Sie geerntet haben, wird benötigt, und wir sind dankbar dafür. Jetzt gehen Sie bitte nach Hause und warten Sie, bis Sie über weitere Details unterrichtet werden. Vielen Dank.«

Die Stimmen erhoben sich zu einem lauten Gewirr, als die Zuschauer kehrtmachten und auseinandergingen und dabei eifrig miteinander sprachen. Einige wollten bleiben, Techniker, Freunde Jans, doch sie wurden von den Männern mit den Gewehren weitergeschoben, von denen immer mehr auf dem Platz erschienen.

Jan wartete schweigend ab; er mußte mehr wissen, ehe er sich in das Gespräch einschaltete.

»Sie wissen über den Prozeß und das Urteil Bescheid?« fragte Jan. Debhu nickte. »Woher?«

»Wir haben einen Agenten auf diesem Planeten.«

»Ich weiß. Ritterspach. Aber der ist tot.«

»Ritterspach war nur ein Werkzeug. Er hat nur Befehle entgegengenommen. Nein, der wirkliche Agent ist gut ausgebildet und arbeitet schon seit Jahren. Die Meldungen kamen über Verzerrer von einem Sender auf der Frequenz der Sicherheitspolizei. Wir konnten entsprechende Geräte erbeuten und hörten die Nachrichten, als wir den Sprungraum verließen. Deshalb haben wir unser Eintreffen auch nicht angekündigt.«

Die schnelle Entwicklung der Ereignisse übertraf Jans Begriffsvermögen. So schnell konnte er sich auf die neuen Informationen nicht einstellen. »Ein aktiver Agent hier? Aber wer ...?« Noch während er die Frage stellte, kam ihm die Antwort in den Sinn. Er fuhr herum und zeigte mit dem Finger auf die Richter. »Da haben Sie Ihren Agenten, genau dort!«

»Ja, das ist sie«, sagte Debhu.

Die Hradil stieß einen schrillen Schrei aus und wollte sich mit erhobenen Händen und klauenhaft gekrümmten Fingern auf ihn stürzen. Jan wartete die Attacke ab. Er trat vor, ihr entgegen, packte ihre Handgelenke und ließ sie nicht wieder los. Gelassen starrte er in ihr haßverzerrtes Gesicht, das wenige Zentimeter vor dem seinen verharrte.

»Natürlich. Mein großer Feind. Die klügste und böseste Person auf diesem Planeten. Zu intelligent, um von der niedrigen Rasse der anderen abzustammen. Ein Geschöpf der Erde. Bereit, auf diesem elenden Planeten ins Exil zu gehen, als Gegenleistung für die Macht, die absolute Macht über andere zu herrschen, wie es ihr gefiel, und zu vernichten, wen sie nicht mochte. Die Person, die heimlich den Schiffen Meldung machte, damit ihre Herren auf der Erde wußten, wie tüchtig sie hier wirkte. Die dafür sorgte, daß jeder starb, der sich ihr in den Weg stellte ...«

»Keine Probleme, bis Sie kamen!« kreischte sie, und Speicheltropfen flogen ihr von den Lippen. »Man machte mich darauf aufmerksam, daß er ein potentieller Unruhestifter ist. Ich habe ihn gut im Auge behalten und genug Beweise für seine schmutzige Tätigkeit gesammelt.«

Sie schwankte, als er sie langsam hin und her schüttelte, vorsichtig, damit er ihr die alten Knochen nicht brach. Seine Stimme klang leise, aber triumphierend.

»Man hat Sie belogen, ist Ihnen das klar? Man wußte alles über mich. Man verurteilte mich und schickte mich hierher. Für mich war es das Todesurteil – die Verbannung auf diese Gefängniswelt. Sie waren nur mein Aufpasser, der Berichte an die Erde schickte. Aber nicht mehr. Begreifen Sie das nicht? Wir haben gesiegt, Sie haben verloren. Freut Sie das nicht besonders?«

Jan fühlte Ekel. Die Berührung ihrer Haut widerte ihn an. Er ließ sie los, stieß sie den Wächtern entgegen, die sie auffingen, ehe sie fallen konnte. Angeekelt von der leichenhaften Kälte ihrer Haut, wandte er sich ab.

»Noch haben wir nicht überall gesiegt«, sagte Debhu. »Aber wenigstens können wir hier die Oberhand behalten. Wenn wir starten, nehme ich diese Frau mit. Und den Proktor, der Ihren jungen Freund ermordete. Diese Art gewalttätiger Herrschaft muß ein Ende haben. Wir werden Prozesse durchführen, öffentliche Prozesse, die auf jeden bewohnten Planeten übertragen werden. Es soll Recht gesprochen werden – doch anders als bei der Charade, die hier ablief. Wir hoffen, daß die Prozesse Frieden bringen, Prozesse, die all jene bestrafen, welche als schuldig gelten müssen. Wir müssen die alten Haßgefühle überwinden. Es gibt viele Scherben zu kitten, wenn diese Dinge ausgestanden sind. Aber das Ende ist nahe. Wir siegen an allen Fronten – mit einer Ausnahme. Die Planeten gehören uns – das war das leichteste. Niemandem hat die Herrschaft durch die Erde geschmeckt. Die Raumflotte war über weite Bereiche auseinandergezogen und ihre Einheiten konnten von einzelnen Planeten aus angegriffen werden. Dabei hatten wir die Überraschung auf unserer Seite. Ohne die Stützpunkte und den Nachschub konnte sich die Erdenflotte nur zurückziehen – aber aus den Kämpfen sind sie relativ heil hervorgegangen. Angeschlagen, aber nicht verwundet. Die restlichen Einheiten sind inzwischen zur Erde zurückgekehrt, um die Heimwelt mit einem undurchdringlichen Abwehrring zu schützen. Das ist eine Nuß, die wir noch nicht knacken konnten.

Doch andererseits ist die Erde außerstande, die Planeten anzugreifen – kein Raumer kann hoffen, eine gut verteidigte Planetenbasis zu erobern.«

»Mag sein – aber wir haben das Problem, daß wir dringend Ersatzteile von der Erde brauchen. Im Augenblick steht es also unentschieden. Die Erde hat wahrscheinlich Reserven an Nahrungsmitteln und Mineralien.«

»Das ist richtig, doch auf lange Sicht kann ihre Wirtschaft, so wie sie im Augenblick aussieht, ohne die Planeten nicht fortbestehen.«

»Wir können aber auch nicht ohne die Erde leben.«

»Das stimmt. Die Erde hat Reserven – doch auf dem Gebiet der Nahrungsmittel wird sich das bald ändern. Ich glaube nicht, daß man dort die Bevölkerung lang ausreichend versorgen kann, selbst wenn man synthetische Speisen hinzuzieht. Die Zukunft steht also noch offen. Wir haben die ersten Schlachten, nicht aber den Krieg gewonnen. Und unsere Not auf dem Nahrungsmittelsektor ist noch größer als die der Erde, denn wir haben überhaupt keine Reserven. Das war stets die erklärte Politik der Erde, um alle Planeten in Abhängigkeit zu halten: keine Reserven, weder an Nahrungsmitteln noch an Industriegütern, weder an Kernbrennstoff noch an Arzneimitteln. Der Hunger steht überall vor der Tür – und das ist der Grund, warum wir dringend das Korn brauchen. Sofort. Die Frachtschiffe sind bereits im Orbit, die ersten schon im Landeanflug. Die Landung wurde in dem Augenblick eingeleitet, als ich das grüne Licht dazu gab. Wir danken Ihnen, daß Sie trotz der vielen Probleme das Getreide gerettet haben. Wir beginnen sofort mit dem Verladen.«

»Nein«, sagte Jan ernst. »So wird das nicht ablaufen. Das Getreide wird erst verladen, wenn ich dazu den Befehl gebe.«

Debhu trat erstaunt zurück, und im Reflex fuhr seine Waffe hoch.

»Töten Sie mich, wenn Sie wollen! Töten Sie uns alle! Aber das Getreide gehört uns.«

Debhus Augen waren zornige Schlitze in seinem dunklen Gesicht. »Worauf wollen Sie hinaus, Kulozik? Wir stehen im Krieg und brauchen die Vorräte – wir *müssen* das Korn mitnehmen! Niemand wird uns daran hindern. Ich kann Ihnen so leicht das Leben nehmen, wie ich es vorhin gerettet habe.«

»Drohen Sie mir nicht – und brüsten Sie sich nicht mit Ihrem Krieg. Auch wir haben im Krieg gestanden, gegen diese fremde Welt. Und wir haben das Getreide gerettet. Es ist nicht von allein hergekommen. Hätten wir es zurückgelassen, wäre es längst zu Asche verbrannt. Diese Menschen sind arm genug, doch das Wenige, das sie besaßen, haben sie dafür geopfert. Kleidung, Möbel, persönliche Dinge mußten zurückbleiben, um Platz für das Getreide zu machen, das Sie sich jetzt aneignen wollen, als hätten Sie ein Recht darauf. Es gehört *uns* – begreifen Sie? Männer, Frauen und Kinder sind dafür gestorben, und ich möchte nicht feststellen müssen, daß ihr Opfer umsonst gewesen ist. Sie bekommen das Getreide, aber wir knüpfen daran gewisse Bedingungen. Sie werden sich die Bedingungen anhören – oder Sie müssen uns erschießen. Sie bekommen das Getreide, doch es wäre dann das letzte. Die Entscheidung liegt bei Ihnen.«

Debhu starrte Jan eindringlich an, er sah seine verkrampften Muskeln und seine geballten Fäuste. Sekundenlang standen sie sich gegenüber, stumm, angespannt. Dann wich der Zorn aus Debhus Gesicht und machte einem schwachen Lächeln Platz. Er brummte vor sich hin, und die Waffe verschwand.

»Sie sind ein harter Mann, Kulozik, das merkt man gleich«, sagte er. »Ich muß wohl ausführlich mit Ihnen reden. Sie haben da nicht unrecht. Es war ein anstrengender Vormittag. Sie haben sicher ebensoviel Recht auf die Früchte der Revolution wie jeder andere. Nicht daß wir schon viel zu bieten haben. Jetzt wollen wir aber zunächst Ihre Frau suchen, die Sie bestimmt sehen will, dann trinken wir etwas und besprechen alles in Ruhe.«

»Einverstanden!«

Alzbeta war stumm vor Überraschung; sie konnte kaum glauben, was geschehen war. Sie vergrub ihr Gesicht an seiner Schulter und preßte ihn an sich und weinte, ohne zu wissen, warum.

»Schon gut«, sagte Jan. »Es ist alles vorbei. Die Dinge werden nicht so weiterlaufen wie bisher – es wird Verbesserungen geben. Jetzt mach bitte Tee für unseren Gast, dann sage ich dir, worum es geht.«

Er holte eine Flasche seines Alkoholdestillats hervor und schenkte eine Runde ein, in der Hoffnung, daß der Tee den Geschmack abmildern würde. Debhu riß die Augen auf, als er den ersten Schluck unten hatte.

»Man muß sich erst daran gewöhnen«, sagte Jan. »Wollen wir einen Toast ausbringen? Auf die Vernunft und eine friedliche Zukunft.«

»Ja, darauf trinke ich gern. Aber ich würde auch gern wissen, was Ihre Rebellion zu bedeuten hat.«

»Es ist keine Rebellion«, sagte Jan, leerte seinen Becher und stellte ihn fort. »Nur ein Geben und Nehmen. Gleichberechtigung. Die Menschen hier sind keine ökonomischen Sklaven mehr – damit muß es vorbei sein. Sie werden für ihre Freiheit arbeiten müssen – und damit haben sie bereits begonnen. Sie werden weiter die Nahrung liefern, die Sie brauchen. Aber dafür wollen Sie Gegenleistungen sehen.«

»Wir haben nicht viel zu bieten. Es hat große Zerstörungen gegeben, mehr, als ich in der Öffentlichkeit zugeben wollte. Ein Chaos. Es wird Jahrhunderte dauern, bis alles wieder aufgebaut ist.«

»Wir brauchen nichts weiter als Gleichberechtigung und die sich daraus ergebenden Weiterungen. Die Herrschaft der Familienvorstände muß beendet sein. Nicht sofort, die Leute hier kennen kein anderes System, und ohne Plan funktioniert nichts mehr. Aber es soll aus eigenem Antrieb zusammenbrechen. Wir möchten offenen Kontakt zum gesamten übrigen Commonwealth, zu den übrigen Planeten. Unsere Leute sollen lernen, wie die Demokratie funktioniert, sie sollen sie mit der ökonomischen Sklaverei vergleichen, in der sie bisher gelebt haben. Unsere Kinder sollen auf anderen Planeten studieren. Nicht alle, nur die besten natürlich. Die kehren dann mit geschulter Intelligenz und neuen Ideen zurück, und daraus muß sich alles zum Besseren verändern. Die Familienvorstände werden dem nicht ewig Einhalt gebieten können.«

»Sie verlangen da sehr viel ...«

»Im Grunde eigentlich sehr wenig. Aber es muß sofort begonnen werden. Zuerst nur wenige Kinder, gleich auf diesem Flug. Vermutlich müssen wir sie ihren Eltern entreißen. Aber sie werden sehen, ob es ihnen gefällt oder nicht, und sie werden mit der Zeit begreifen, warum es nicht anders ging. Es wird ihnen und uns allen schwer fallen, denn ich bin sicher, daß Bildung und Information auf den äußeren Planeten so eingeschränkt sind wie auf der Erde. Aber die Tatsachen sind vorhanden. Man muß sie nur aufdecken und begreifen. Wir alle müssen freien Zugang haben zum irdischen Erbe, dem wir alle entstammen und das uns vorenthalten worden ist. Auf dieser Welt wird das über kurz oder lang das Ende der beengenden Kultur zur Folge haben, die den Menschen hier aufgezwungen wurde. Das Getreide, das wir haben, stellt einen gewissen ökonomischen Machtfaktor dar, folglich müssen wir für unsere Mühen Gegenleistungen sehen. Die Zukunft muß anders ablaufen. Die Menschen hier haben ihr Leben wie Marionetten verbracht. Ihnen kam es vielleicht real vor, doch in Wirklichkeit zappelten sie am Ende der Schnüre, die von den Herren auf der Erde bewegt wurden. Die Hradil war das Werkzeug, mit dessen Hilfe sie sicherstellten, daß es keine Abweichung von den leeren Rollen gab, die für jedermann vorgeschrieben waren. Für die Leute von der Erde waren wir absolut ohne Bedeutung, unwichtiger als Maschinen, unpersönlich und ersetzbar wie die Bauteile einer riesigen organischen Maschine, die billige und proteinreiche Nahrung liefern mußte. Aber damit ist es aus. Wir liefern die Nahrung, aber dafür muß man uns *als Menschen* anerkennen.«

Debhu nippte von seinem mit Alkohol angereicherten Tee und nickte.

»Na, warum auch nicht? Ihre Forderungen in materieller Hinsicht sind in der Tat gering, und das zählt vor allem für uns, da wir verflucht wenig zu bieten haben. Aber wir nehmen die Kinder mit und finden Schulen für sie ...«

»Nein. Darum kümmere ich mich. Ich begleite Sie.«

»Das geht nicht!« rief Alzbeta bekümmert. Er ergriff ihre Hände.

»Es wird nicht lange dauern. Ich komme zurück, das verspreche ich dir. Aber bei all dem Durcheinander ist die Gefahr groß, daß unsere Belange wieder in Vergessenheit geraten. Ich muß für alles kämpfen, das uns zusteht. Ich weiß, was dieser Planet braucht, und werde es erringen. Wenn ich auch davon überzeugt bin, daß hier unter hundert höchstens einer zu schätzen weiß, was ich zu erreichen versuche. Ich nehme ihnen die Kinder weg, damit sie eine Bildung bekommen, ich bringe Neuerungen, ich verbreite verräterische Gedanken - dafür wird man mich nicht ins Herz schließen.«

»Du wirst fortfliegen und nie zurückkehren«, sagte sie so leise, daß er die Worte kaum verstand.

»Das darfst du nicht glauben«, sagte Jan. »Mein Leben ist hier an deiner Seite. Auf dieser seltsamen Welt aus Dämmerung und Feuer. Die Erde gehört zu meiner Vergangenheit. Ich liebe dich, ich habe meine Freunde hier, und wenn erst die Veränderungen eingetreten sind, die ich erwarte, kann das Leben selbst hier sehr angenehm sein. Ich fliege aber fort, weil es niemanden sonst gibt, der die Aufgabe erfüllen könnte. Ich will versuchen, wieder bei dir zu sein, wenn unser Sohn geboren wird. Versprechen kann ich es dir aber nicht. Spätestens wenn die Züge wieder abgehen, bin ich wieder zurück, denn ich bringe die Vorräte und Ersatzteile, die das möglich machen.« Er blickte zu Debhu hinüber. »Ich kann mir nicht vorstellen, daß Sie Reaktorbrennstäbe oder andere Dinge mitgebracht haben, die wir dringend brauchen?«

»Nein. Wissen Sie, wir sind aus dem Chaos gestartet. Unsere Nahrungsmittelreserven sind erschöpft. Und die meisten Dinge auf den Ladelisten für diesen Planeten werden auf der Erde hergestellt.«

»Begreifst du nun, was ich meine, Alzbeta? Wir müssen unsere Interessen selbst schützen. Ich werde damit ganz allein beginnen müssen. Aber es wird klappen. Die Menschen müssen immer essen.«

Aus dem Himmel tönte das lauter werdende Tosen von Bremsraketen. Die Schiffe waren da. Alzbeta stand auf und stellte die Teekanne auf das Tablett.

»Ich mache frischen Tee. Es tut mir leid, wenn ich töricht an dir gezweifelt habe. Ich weiß, daß du zurückkommst. Du wolltest ja immer, daß sich unser aller Leben verändert. Und vielleicht kommt es jetzt dazu. Nein, ich bin davon überzeugt. Aber nach den Veränderungen – werden wir dann glücklich sein?«

»Sehr«, sagte er und ihr Lächeln antwortete auf das seine.

Die Teetassen klapperten auf den Untertassen, als das Brausen lauter und immer lauter wurde, bis ein weiteres Gespräch unmöglich war.

Endlich waren die Schiffe eingetroffen.